PROJET DE RAPPORT

PRÉSENTÉ A LA COMMISSION DE VISITE

DES EXPLOITATIONS CONCOURANT A LA PRIME D'HONNEUR

DANS LE DÉPARTEMENT DE LA MARNE

PAR M. LE Bon THENARD

ET ADOPTÉ PAR CETTE COMMISSION

LE 6 MAI 1861.

Paris — Typ. de Cosson et Comp., rue du Four-Saint-Germain, 43.

MEMBRES

*Composant la Commission de visite des exploitations concourant à la
Prime d'honneur du département de la Marne en mai 1861.*

PRÉSIDENT :

M. LEFOUR, inspecteur général de l'agriculture.

MEMBRES DE LA COMMISSION :

MM. BONNAUD, agriculteur et propriétaire dans l'Yonne ;

GOSSIN, agriculteur et propriétaire dans les Ardennes :

HUGUET, agriculteur et propriétaire dans la Meuse :

Alf. JOZON, lauréat du concours régional et agricole de
Troyes, agriculteur et propriétaire dans l'Aube ;

RENARD, agriculteur et propriétaire dans la Haute-Marne ;

Baron THENARD, agriculteur et propriétaire dans la Côte-
d'Or, *Rapporteur.*

Cette Commission a été nommée, au mois de mai 1860, par
Son Excellence M. le ministre de l'agriculture, du commerce et des
travaux publics, pour visiter les exploitations concourant à la
prime d'honneur, qui devait être décernée à la meilleure d'entre
elles, au concours régional qui a eu lieu à Châlons-sur-Marne,
au mois de mai 1861.

En vertu de son mandat, et sur la convocation de son président, M. l'inspecteur général Lefour, elle s'est réunie à Épernay,
le 6 juillet 1860, pour commencer ses travaux : se sont trouvés

au rendez-vous : MM. Lefour, Bonnaud, Huguet, Jozon, Renard
et Thenard. M. Gossin, empêché par une grave maladie, a été
obligé de s'excuser.

Dès le 7, la commission a commencé sa tournée, et, successivement, elle s'est rendue chez vingt-six concurrents; il n'est
que M. Leroy, de Villers-Allerand, qu'elle n'a pas visité, parce
que M. Leroy, ne présentant pas une exploitation, mais simplement un procédé pour empêcher la vigne de geler, était tout à fait
en dehors du programme.

Mais pendant la tournée, qui a duré vingt-deux jours consé-
cutifs, M. Bonnaud, s'étant trouvé gravement indisposé, a été
obligé de se retirer; en sorte que, de sept, la Commission s'est
trouvée réduite à cinq membres seulement, qui, après en avoir
délibéré, ont pris leurs conclusions, et ont chargé M. Thenard
de rédiger le présent projet de rapport.

Ce projet de rapport, après discussion au sein de la Commission, est devenu le rapport définitif, qui a été présenté au jury
du concours, toutes sections réunies : afin qu'il pût statuer sur
la prime et décerner aux concurrents, qui se sont fait remarquer
par des mérites spéciaux, les récompenses spéciales auxquelles
ils avaient droit.

INTRODUCTION

Messieurs,

Le département de l'Aube ne présentait, l'an
dernier, que deux candidats à la prime d'honneur.
Était-ce indifférence de la part des agriculteurs ?
Était-ce défiance d'eux-mêmes en face des titres
considérables d'un concurrent éminent qui, de
l'aveu de tous, devait être le vainqueur ?

C'est ce dernier sentiment, Messieurs, qui est le
véritable ! On en trouve la preuve irrécusable dans
cette visite exceptionnelle que S. Exc. M. le Ministre de l'agriculture, du commerce et des travaux publics a ordonnée, pour examiner les titres
à des médailles spéciales de plusieurs agriculteurs
émérites, qui n'avaient pas voulu concourir pour
la prime.

En cette circonstance, M. Jozon, notre habile et
heureux collègue, a donc été deux fois couronné :

par ses concitoyens et ses émules d'abord, par le
jury ensuite! Ce triomphe est beau, Messieurs.
il est enviable! mais, au point de vue de l'intérêt
général, c'est un fait regrettable.

Les concours, en effet, avant d'être des occasions
de récompenses, ont un but plus élevé encore: ils
doivent, avant tout, servir d'enseignement à la
masse. Or, quelque mérite qu'ait une exploitation,
elle est toujours soumise à des conditions géologiques, climatériques et topographiques, qui dic-
tent les principales spéculations et les méthodes
à employer; elle ne peut donc, d'une manière ab-
solue, être donnée en exemple à tous les cultivateurs d'un département entier. Que tous y aient
à prendre quelque chose? c'est possible, c'est
même probable; mais qu'ils la calquent exactement, ce serait une faute insigne.

« S'il n'y a qu'une seule prime, disions-nous un
jour dans une occasion solennelle et semblable à
celle-ci, il peut y avoir plusieurs modèles. » C'est
aussi de cette manière que les choses ont été com-
prises dans le département de la Marne.

Aussi, à l'instigation de M. le préfet, les comités
d'agriculture ont-ils encouragé les timides et éclairé
les forts, et le succès de cet appel a été tel, que
plus de cent candidats y ont bientôt répondu.
Mais, devant un pareil nombre, le travail d'examen
devenait difficile, si ce n'est impossible ; c'est encore
ce qui a été compris : dès lors, tout en laissant à
chacun pleine et entière liberté, les Comités ont
procédé à une intelligente. mais toujours amiable

élimination ; d'ailleurs fort éclairés à l'avance sur les mérites relatifs et les chances de chacun, ils ont recherché dans chaque terrain, dans chaque position, dans chaque climat, les exploitations types, qui représentent le mieux ces terrains, ces positions et ces climats ; sans jamais oublier, toutefois, les concurrents qui, par des innovations et des inventions diverses, ou des travaux spéciaux, pouvaient avoir quelque chance à vos suffrages.

C'est ainsi que le nombre des candidats définitifs s'élève encore à vingt-sept, et que chaque arrondissement a fourni son contingent, proportionné moins peut-être à sa superficie qu'à la variété des accidents géologiques qu'il présente. Aussi les terrains crayeux de toute nature. depuis les savarts arides jusqu'aux craies les moins infécondes ; les alluvions les plus diverses, depuis la tourbe jusqu'aux riches plaines du Perthois, les meulières, le gault, les grès verts supérieurs, les marnes crayeuses, sont-ils tous représentés dans de justes mesures.

Dans aucun département on n'a fait jusqu'à présent un travail de ce genre et de cette importance : nulle part non plus, si toutefois on l'imite, ce qui est grandement à souhaiter, on ne le fera avec plus d'intelligence et de dévouement.

Aussi, avant d'aller plus loin, Messieurs, et au nom des intérêts qui nous réunissent, la Commission propose-t-elle au jury, de voter les remercîments les mieux sentis à M. le préfet et aux comités d'agriculture de la Marne qui, en comprenant si bien leur mission, ont préparé un des concours les plus intéressants qu'un jury ait jamais eu à juger!

Comme le jury le comprendra, la Commission de visite devait répondre à tant de zèle, elle devait, non-seulement examiner avec soin les candidats, ce qui était, du reste, son plus impérieux devoir et le but de sa mission, mais encore étudier, autant qu'il lui était possible, les questions d'un ordre plus général et qui intéressent davantage l'agriculture de ce pays.

Pour répondre à cette dernière pensée, jetons donc un coup d'œil rapide sur la carte géologique de la Marne.

En dehors des diverses alluvions récentes on compte dans la Marne douze à quatorze variétés de terrains [très-bien caractérisés, mais dont sept ou huit seulement, à cause de leur étendue, ont une importance agronomique sérieuse.

C'est d'abord le grand banc de craie qui, sur une longueur moyenne de 80 à 100 kilomètres et sur une largeur de 50 à 60, traverse tout le département, en se prolongeant dans l'Aisne, au nord, et dans l'Aube, au midi. C'est la Champagne *pouilleuse*, autrefois si méprisée et où l'on rencontre aujourd'hui une agriculture, si ce n'est très-riche, qui du moins enrichit; car il est peu de contrées, dans la Marne et ailleurs, où les populations soient plus saines, plus intelligentes et plus aisées; où les troupeaux aient une laine plus belle et plus abondante, les céréales plus de poids.

N'y cherchez pas, par exemple, de cultures inten-

sives. Ce n'est pas leur place, le terrain est trop
chaud, trop perméable, trop sec, et, là où il a de la
profondeur, il a rarement assez de qualité; de
plus, la population est encore relativement rare,
et elle porte l'excès de ses forces sur de vastes surfaces incultes où la craie affleure la superficie et
qu'on nomme des *savarts;* on y plante d'abord des
pins sylvestres, et au bout de 50 ou 60 ans, quand,
par une action chimique déterminée par la végétation même, le terrain a acquis suffisamment de profondeur, on défriche et on laboure. C'est ainsi que
la Champagne Pouilleuse s'efface petit à petit tous
les jours. Mais si vous voulez vous faire une idée
assez juste des progrès réalisés, voici un trait qui
vous les peindra assez bien : certains de vos commissaires, qui ne connaissaient le pays que par les
récits qu'ils en avaient entendu faire dans leur en-
fance, disaient, au début de la visite, à leurs collè-
gues plus instruits : « Où donc est la Champagne
Pouilleuse? — Mais vous y êtes! » répondaient les
autres en souriant.

A l'ouest du grand banc de craie, sont les sables
et les argiles plastiques, qui, sur une bande étroite,
suivent la craie dans toutes ses sinuosités : toujours
disposés en collines, c'est sur ces terrains, que se
développent ces magnifiques vignobles, célèbres
dans le monde entier.

En arrière des argiles, et au point culminant,
on rencontre les meulières, terrains peu perméables, mais plantureux, et ne demandant qu'un peu
de calcaire, encore plus que de drainage, pour de-

venir vraiment riches : il y aurait donc peu à faire pour en tirer un excellent parti ; mais ils ne sont pas assez mauvais, pour que la loi de la dure nécessité, comme il arrive souvent, y ait rendu l'homme industrieux ; aussi est-ce là que le progrès a été le plus lent.

Au milieu des meulières, à des étages intermédiaires entre elles et les argiles, le calcaire lacustre se montre en bandes étroites et très-ramifiées : c'est un précieux élément de fertilité pour les meulières, mais il n'est pas assez employé ; puis viennent quelques bancs de sables moyens, et enfin des calcaires grossiers. Mais nous n'avons pas à nous occuper de ces trois genres de terrains, d'ailleurs peu développés dans la Marne, car ils ne sont représentés au concours par aucune des exploitations, que nous avons à juger.

Quant aux terrains situés à l'est du grand banc de craie, on en compte environ six variétés bien tranchées.

On voit d'abord une bande de 5 kilomètres en largues moyenne, qui court parallèlement et tout le long de la craie : ce sont les craies grises ou marnes crayeuses. Là, suivant la proportion de calcaire, le sol varie du tout au tout : ici il est trop léger et trop perméable, là il est bon et sûr, mais, si le calcaire fait tout à fait défaut, il devient compacte, tenace, et il se désoxyde rapidement. D'un champ à l'autre les procédés de culture varient singulièrement : tantôt on emprunte ceux du pays de craie, tantôt ceux des terrains gaizeux ou du gault. Mais, presque partout, ainsi que dans le pays de craie la culture est extensive, la race ovine moins prospère, les sources plus fréquentes, la température déjà plus variable et le climat plus humide.

En arrière des marnes crayeuses, et au nord-est, dans l'arrondissement de Sainte-Menehould, on rencontre la gaize, qui constitue le terrain singulier du vallage ; excellent quand il est en rampes rapides, capable alors de fournir aux plus riches cultures intensives, d'engendrer les plus beaux arbres fruitiers : il devient, au contraire, si médiocre, ou plutôt si infidèle, quand il est en plateau, que les récoltes de céréales n'y sont pas toujours assurées, et que les artificielles n'y réussissent que difficilement.

Au sud-est de la craie, c'est le gault ; c'est le pays vraiment déshérité de la Champagne ; cependant on l'appelle le Bocage, et par sa fraîcheur et ses forêts il mérite son nom ; mais tout y est à refaire, depuis l'air, qui est vicié par de nombreux étangs marécageux, jusqu'à la terre, qui, pauvre par elle-même, craint encore, et tout à la fois, la pluie, la sécheresse et la gelée.

Mais, entre la gaize et le gault se trouve une riche alluvion de 15,000 à 20,000 hectares, vaste lac qui, un jour, s'est desséché en se perçant une trouée à travers les marnes crayeuses. C'est à Vitry-le-François que le cataclysme a eu lieu, et pour résultat il a donné le Perthois, dont le sol est un mélange précieux de calcaire portlandien, de gaize, d'un peu de gault et de terrain néocomien.

C'est la contrée la plus fertile de tout le département. Là on rencontre des cultures vraiment intensives; la betterave, la cameline, le colza, y prospèrent à côté des plus belles artificielles et des plus
abondantes céréales.

Une nombreuse population fait valoir ce riche
pays, où la propriété, extrêmement morcelée, a
la plus grande valeur. Cependant, en raison de son
origine, surtout du peu de pente et du niveau élevé
des eaux dans les nombreuses rivières, qui recou-
pent cette belle plaine, le terrain, il y a quelques
années encore, se détrempait, par la saison plu-
v'euse; mais de beaux travaux exécutés sous la
direction d'habiles ingénieurs, et à la demande
de grands syndicats, dont un des plus sérieux concurrents a été le principal promoteur, l'ont en
grande partie délivré de cet inconvénient majeur.

Quant au terrain portlandien pur et au néocomien
nous n'en parlons que pour mémoire; c'est à
peine si la Marne en compte quelques cents hectares, et ils ne sont pas représentés au concours.

Tel est, Messieurs, l'inventaire géologique des
terrains de la Marne. Il y a bien encore des sous-
divisions, mais elle nous mèneraient trop loin,
d'ailleurs nous vous les signalerons dans les rapports spéciaux qui vont suivre.

Le jury comprendra qu'au milieu de sols si multiples, la Commission ait dû, pour baser ses appré-
ciations, tenir un grand compte des difficultés,
ainsi que des avantages de chaque exploitant.

Aussi ne s'est-elle pas toujours laissé séduire par

les plus belles apparences. Pour estimer les progrès réels de chaque concurrent, elle a comparé ses récoltes et ses bestiaux, aux récoltes et aux bestiaux de ses voisins, tout en tenant le plus grand compte des inventions et des innovations dont il était l'auteur, ainsi que de l'influence heureuse que son exemple avait pu exercer dans la contrée. C'est sous l'empire de ces pensées que le rapport a été rédigé; on a donc passé très-vite sur ce qui était parfois très-bon, mais qui n'était guère mieux que *tout le monde*, pour s'arrèter au contraire sur ce qui était donné comme un progrès, et le discuter avec soin.

Souvent, dans ce rapport, vous trouverez des vues, des théories peut-être hasardées; ne vous en prenez qu'au rapporteur, mais ayez aussi de l'indulgence pour lui : s'il a commis quelque erreur, son erreur même appellera la discussion, et, après la discussion, la lumière.

1.

M. LEROY

A VILLERS-ALLERAND.

M. Leroy, vigneron à Villers-Allerand, arrondissement de Reims, concourt pour un système
destiné à empêcher la vigne de geler, en même
temps que par ce même système il hâterait la
maturation du raisin.

Certainement, le jury, dont la majorité des
membres a un intérêt si personnel au succès des
expériences du docteur Guyot sur le même sujet,
ne peut rester insensible à de tels essais; mais il a
paru à la Commission qu'un système de cette nature ne pouvait concourir à la prime d'honneur, et
que c'était aux sociétés agricoles de récompenser
des efforts de ce genre.

Considérant, d'ailleurs, que le procédé de
M. Leroy n'est qu'une modification plus ou moins
pratique, plus ou moins ingénieuse de l'idée principale due à M. le docteur Guyot, la Commission

de visite propose au jury de passer à l'ordre du jour sur M. Leroy, en l'engageant à soumettre ses procédés aux sociétés d'agriculture, chargées plus spécialement de l'examen de ces sortes de choses.

M. DEZ

A LA BASSE VAVRELLE (COMMUNE DE SIVRY-SUR-ANTE).

M. Dez, qui est propriétaire du domaine de la Basse-Vavrelle, près de Sivry-sur-Ante, dans l'arrondissement de Sainte-Menehould, est en train d'améliorer sa propriété, et, il faut le dire, il avait et il lui reste beaucoup à faire.

Le domaine compte, en effet, 100 hectares, assis en partie sur la craie, en partie sur les argiles plastiques dérivées des marnes crayeuses, en partie encore sur des tourbes.

Par un singulier goût, le concurrent a clos de haies vives toutes ses pièces : puis, dans un but que l'on comprend mieux, il en a drainé 10 hectares ; enfin il a assaini 7 à 8 hectares de marais tourbeux, et en a fait des champs à légumes, qui rapportent beaucoup et qu'il loue très-cher. C'est là sa meilleure opération.

Les bâtiments ont été aussi restaurés et agrandis ; une machine à vapeur, dont on ne comprend

pas bien l'importance, eu égard à l'exiguïté des
récoltes, a été installée pour animer la machine à
battre et une meule à farine : cette meule, à cause
des moulins à eau voisins, qui lui font concurrence,
ne pouvant servir qu'à l'exploitation, a peu de tra
vail à faire, et nous paraît un hors-d'œuvre; enfin,
des chemins ont été ouverts, souvent à grands
frais, et dans plusieurs directions; ils sont plantés
d'arbres et parfaitement arrangés. Peut-être aurait-
on mieux fait de consacrer toutes ces ressources à
améliorer certains chemins vicinaux parallèles;
mais non! monsieur et surtout madame Dez aiment
par-dessus tout à être chez eux. Chacun son goût :
le jury n'a rien à y voir !

Quant à la Commission, tout en reconnaissant,
qu'il a été fait à la Basse-Vavrelle quelques travaux utiles, ne les trouve pas assez avancés pour
pouvoir faire aucune proposition au jury.

M. PROQUEZ

A 20 ou 24 kilomètres de Vitry-le-François, dans un véritable désert de craie, se trouve un chef-lieu de canton, qu'on appelle Sommepuis, où le juge de paix, M. Proquez, aussi attaché à la prospérité qu'au repos de ses concitoyens, fait de l'agriculture.

Le but de cet excellent homme a été de démontrer, le parti qu'on pouvait tirer de vastes savarts, qui dominent la plaine depuis longtemps cultivée. Il en a donc successivement acheté 80 hectares, au prix moyen de 25 fr., et les a plantés en bois. Puis au bout d'un certain temps il les a défrichés. Il a également construit des bâtiments ruraux économiques, enfin il a fait un moulin à vent, de son invention.

Comme vous le voyez, ce sont là d'excellentes tendances, dont on doit être très-reconnaissant à M. Proquez; aussi la Commission propose-t-elle au jury de lui voter des remercîments.

M. MOUSSEAUX

M. Mousseaux est fermier à Moslins, arrondissement d'Épernay, où il exploite deux fermes, sises à
2 ou 3 kilomètres l'une de l'autre, au milieu des
calcaires lacustres, des meulières, des argiles plastiques et des craies, dans ces terrains bouleversés,
que l'on rencontre parfois entre la Brie et la
Champagne, et dont la culture est des plus difficiles;
car souvent, dans un même champ, pour peu qu'il
ait d'étendue, l'assolement, le genre de culture, le
moment des façons, les plantes, qui conviendraient
à une partie de la pièce, ne conviennent plus aux
autres.

Ce sont là des difficultés pour ainsi dire insur-
montables, et que M. Mousseaux a encore accrues,
en prenant deux exploitations comprenant ensemble 170 hectares et qui vaudraient bien mieux
séparées que réunies. — Pour mettre ces domaines
en état, le fermier et le propriétaire auraient
beaucoup à faire.

M. DEBAR

A COOLUS (PRÈS CHALONS-SUR-MARNE).

M. Debar, depuis trente-sept ans, cultive, de père en fils, la ferme du château de Coolus, à quelques kilomètres de Châlons. Il a vu naître son propriétaire, et lui est attaché ; son propriétaire a vu naître les enfants de son fermier, quatre beaux et vigoureux gaillards de seize à vingt-deux ans : malgré ces liens, presque de famille, le propriétaire vient, à ce qu'il paraît, de remercier ces braves gens, dont le bail finit dans un an. Leur tristesse était profonde quand la Commission les a visités, et, sans vouloir entrer dans des affaires, qui sont en dehors de sa mission, elle a eu le cœur serré de cet état de choses, auquel un agent d'affaires de Paris paraît n'avoir pas été étranger.

Qui n'entend qu'une cloche n'entend qu'un son, dit avec raison le proverbe. Aussi, sans vouloir prononcer sur cette question, on peut cependant faire cette réflexion générale, que les hommes d'affaires

sont un fléau, surtout en agriculture, et qu'ils dé-
font bien plus qu'ils ne font les affaires des propriétaires et des fermiers. Dans la circonstance
présente, quelques années passées par les enfants
dans une ferme-école, ou chez un cultivateur
émérite, comme il y en a tant en Champagne,
aurait probablement mieux arrangé les choses
qu'une rupture.

Quoi qu'il en soit, l'exploitation s'étend sur
171 hectares de qualité très-médiocre et dont 126
seulement sont sérieusement cultivés. Le tout a été
loué jusqu'ici 4,500 francs, et M. Debar dit en avoir
offert 6,000 ; mais l'agent d'affaires en aurait su
tirer 7,500. C'est beaucoup d'un coup ! Le nouveau
fermier payera t-il? C'est plus à souhaiter qu'à espérer !

Les 126 hectares exploités sont cultivés à la méthode de Champagne, c'est-à-dire qu'on suit l'assolement triennal, modifié par des artificielles et pas
mal de pâturages volant dans les jachères fumées.
En outre, M. Debar fume souvent ses artificielles
en couverture : ce peut être bon au point de vue
des artificielles ; mais cela use bien le ligneux du
fumier, ligneux dont les terres de Champagne ont
le plus grand besoin.

32,000 à 33,000 kilos de bétail, environ, sou-
tiennent toutes ces cultures. On compte, en effet,
à la ferme du château de Coolus :

Chevaux et juments....   8
Poulains de divers âges.   7

Vaches. . . . . 20 à 25
Moutons. . . . . 300 à 350

Comme on le voit, M. Debar produit et élève des poulains, afin de renouveler par lui-même ses écuries, mais il reconnaît qu'en Champagne c'est un tort, et il ne veut pas continuer.

Quant aux récoltes, elles n'étaient que passables. Cependant M. Debar paraît avoir fait ses affaires. Les bâtiments sont assez beaux, mais étroits et insuffisants, au dire du fermier.

M. PRIN

M. Prin, à Villers-aux-Corneilles, arrondissement de Châlons, est un brave fermier qui, en cultivant 46 hectares de terres très-légères de Champagne, prend gaiement le temps comme il vient. Son bail expire dans cinq ans, et son affaire marche ; mais son fils est marié, et il veut se retirer dans son bien.

Rien, du reste, n'est plus simple que sa culture : c'est le vieil assolement triennal, avec quelques artificielles et une apparence de racines dans les jachères.

1re année...	9 hectares	froment.
	7 —	seigle. On ne le bat que légèrement.
2e année...	8 —	avoine.
	8 —	orge.
3e année...	8 —	jachère.
	8 —	artificielles.

Cependant. dans les jachères il introduit 1 hectare de betteraves et de pommes de terre. et
quelques fourrages hâtifs.

Ses bestiaux consistent en :

    Chevaux de pays............ 3
    Vaches achetées sur foire..... 5
    Moutons de pays........... 110

Ce qui fait un total de 19 têtes de bétail, pesant
9,000 kilos tout au plus, c'est-à-dire 200 kilos à
l'hectare. De plus. il estime beaucoup la vaine
pâture.

On comprend qu'avec cela les blés ne viennent
pas, et qu'il faille, comme il le dit, remettre du
fumier tous les trois ans.

Ses bâtiments sont en assez bon état, bien disposés ; et un moteur hydraulique fait marcher la machine à battre : c'est une gracieuseté de son propriétaire.

Quant à la comptabilité. il n'en est pas question ;
mais ses affaires paraissent en assez bon état : cette
Champagne est si charitable à ceux qui la grattent
un peu !

M. MOSSER

A mi-chemin de Massiges à Gratreuil, dans l'arrondissement de Sainte-Menehould, sur un mamelon de craie assez élevé, on rencontre une ferme isolée, qu'on nomme les Maisons de Champagne, et qui, de père en fils, est exploitée par la famille Mosser.

Le fermier actuel est jeune, laborieux et intelligent ; malheureusement il n'est peut-être pas assez abandonné à lui-même : il a un propriétaire, qui le pousse à étendre trop subitement et démesurément les cultures, et un beau-père, agriculteur réputé cependant, mais qui voudrait lui faire adopter certains usages du vallage, où il est lui-même propriétaire et cultivateur.

La ferme des Maisons de Champagne compte 288 hectares, dont les deux tiers étaient en savart, il y a quelques années, et dont l'autre tiers laissait sous tous les rapports beaucoup à désirer.

C'était ce tiers-là qu'il fallait améliorer, il en
est très-susceptible ; quelques belles pièces de seigle et d'artificielles l'ont prouvé à la Commission.
Mais non ! on a défriché 51 hectares de savarts,
où viennent quelques seigles clairs et menus et
de mauvaises avoines. On a ainsi augmenté les frais
et retiré le fumier aux terres les moins mauvaises.
C'est dommage encore une fois, car M. Mosser vaudrait bien mieux à lui tout seul, qu'avec des acolytes
trop ambitieux, et qui n'entendent rien à la culture des terres de Champagne.

Cependant, c'est chez M. Mosser que la Commission a trouvé, non le meilleur troupeau, mais
la meilleure laine, et, sous ce rapport, il mérite
les éloges du jury.

M. BOURDON PÈRE

M. Bourdon (Victor) est propriétaire et exploitant du domaine de Beaulieu, commune de Trois-Fontaines, dans l'arrondissement de Vitry.

Ce domaine compte aujourd'hui 87 hectares assis sur le gault ou sable vert, et est tout entouré de forêts.

C'est un sol détestable, tout à la fois argileux, sablonneux, imperméable, pauvre, où au début tout était à faire, où tout est constamment à refaire.

L'eau salubre manquait, il a fallu creuser des puits et établir des pompes. — Le travail a été exécuté avec soin, et aujourd'hui, par des conduites, l'eau va dans la maison, la laiterie, les étables, etc.

Les bâtiments ont été plus que doublés, mais ils sont restés trop étroits pour que le service y soit facile.

30 hectares ont été drainés. mais on a oublié de les marner. quoique la marne ne soit pas loin.

Des engrais. des fourrages, des animaux. un matériel de culture important, ont été achetés.

Le tout a coûté plus de 80.000 fr.. c'est-à-dire plus que le prix initial du domaine.

Cependant, quoique les produits aient plus que quadruplé en quantité; M. Bourdon termine son mémoire en disant : « Les bénéfices nets ont été à peu « près nuls. et il n'est resté au propriétaire, que la « satisfaction d'avoir contribué de tous ses moyens « à l'accroissement de la production alimentaire. au « profit de la consommation générale. » Que peut penser le jury après cette phrase si nette et si navrante d'un concurrent sincère et dévoué ? C'est qu'il est en agriculture des positions qu'il faut savoir ne pas accepter, et que rien n'est plus dangereux, que cette fatale opinion qui domine trop dans le monde extra-agricole, qu'avec du fumier, des assainissements et même des amendements, il n'y a pas de mauvais terrains. Dans le sens absolu, ce peut être vrai ; mais dans le sens industriel. c'est une erreur ; en voici un exemple frappant !

M. COUTROT-TANNEUR

AUX ESSARTS-LE-VICOMTE.

M. Coutrot-Tanneur cultive, aux Essarts-le-Vicomte, canton d'Esternay, arrondissement d'Epernay, une ferme de 275 hectares, située au milieu des meulières et des calcaires lacustres, qui appartient aux hospices de la ville de Paris.

Les bâtiments sont extrêmement délabrés, il en est même dont les toitures sont percées; ils sont généralement très-étroits et d'un service difficile.

Quant aux terres, elles sont goutteuses, et le drainage ainsi que le marnage y sont indispensables. Les hospices font un peu de l'un, et le fermier pas mal de l'autre.

Quant aux récoltes, elles ne sont belles que par exception; cependant, sous l'influence du développement des artificielles et particulièrement des luzernes, dont M. Coutrot se préoccupe, il n'est pas douteux qu'elles ne s'améliorent d'ici à quelques années.

Les animaux sont au nombre de :

Chevaux. 16
Espèce bovine (élèves compris). 56
Espèce ovine. 750
Espèce porcine. 6

représentant un poids vif de 60 tonnes environ.
— ce qui donne 220 kilos à l'hectare, chiffre très-
faible pour des terres où les herbages croissent facilement.

Cependant, malgré ce faible poids de bétail et
cette immense exploitation, M. Coutrot, qui paraît
cependant avoir déjà engagé toutes ses forces, voudrait encore défricher 80 hectares de bois, pour les
adjoindre à sa ferme. C'est là une mauvaise ten-
dance. malheureusement partagée par trop d'agriculteurs, et que nous devons condamner.

En ce qui concerne les économies réalisées par
le fermier. les résultats utiles paraissent avoir été
nuls jusqu'ici.

Cependant les terres ont évidemment gagné dans
les mains de M. Coutrot, c'est à lui maintenant de
gagner sur les terres. ce qui lui arrivera certainement, s'il lui reste encore quelques ressources
de son côté. et si les hospices, ses propriétaires,
l'aident un peu plus qu'ils ne paraissent le faire.

M. A. ROUSSEL

A DOMPREMY (ARRONDISSEMENT DE VITRY-LE-FRANÇOIS).

M. Roussel (Alexandre), à Dompremy, arrondissement de Vitry et dans le Perthois, habite un excellent pays où, soit comme cultivateur, soit comme fermier, il cultive 80 hectares de très-bonnes terres, généralement de nature silico-calcaire.

Il suit l'assolement triennal ordinaire :

1re année. Froment.........	26 à 27	hect.

1re année. Froment.........   26 à 27 hect.

2e (Céréales de printemps... 16 à 17
   (Colza................   9

3e (Jachère............. 13 à 14
   (Artificielles.......... 14 à 13
                      Total...... 80 hectares.

Les récoltes sont très-belles, car, malgré cette petite quantité d'artificielles, le bétail est nombreux, il entretient en effet :

M. Roussel (Alexandre) est un cultivateur soigneux, régulier et faisant bien ses affaires. La Commission prie le jury de lui accorder des éloges.

M. GUILLEMIN-CUGNOT

A NORROIS (PRÈS VITRY-LE-FRANÇOIS).

M. Guillemin-Cugnot exploite 120 hectares de terre à Norrois, près de Vitry-le-François.

Sur ces 120 hectares, 50 lui appartiennent avec les bâtiments, et il loue les 70 autres. Malheureusement, comme dans toute cette partie du Perthois, les terres sont très-morcelées, et les pièces de M. Guillemin n'ont guère qu'un demi-hectare en moyenne. Cependant il les paye encore à 72 fr. l'hectare, ce qui en démontre bien la fécondité.

Les bâtiments, en assez bon état, ont été construits à différentes époques, sans beaucoup d'ordre ni de prévision, et au fur et à mesure des besoins.

L'assolement suivi est celui du pays, c'est-à-dire qu'il est triennal : froment, avoine, jachère, ou bien froment, avoine et plantes sarclées, ou bien encore luzerne ou trèfle pendant deux ans ; puis blé pour rentrer dans la rotation normale.

Toutes ses cultures sont riches et bien tenues, sans trancher toutefois beaucoup sur celle des voisins : cependant, ce qui les distingue, c'est qu'outre 20 hectares de prairies naturelles que compte l'exploitation, il y a encore 29 autres hectares d'artificielles; dont 15 en luzerne, ce qui dépasse la limite commune; mais fait-on consommer tous ces fourrages chez M. Guillemin? n'en vend-on pas une partie? La Commission ne peut répondre, mais elle a trouvé chez lui bien peu de bétail pour tant de fourrages.

Le morcellement des terrains et l'intensité des cultures s'opposent au parcours des moutons, on n'en rencontre donc pas dans le pays, et c'est à l'élevage de la race bovine et chevaline, que s'adonne M. Guillemin, or, sous ce dernier rapport, il obtient des résultats, qui méritent les éloges du jury.

La Commission, en effet, a vu chez lui 16 à 18 chevaux, qui pèchent peut-être un peu par l'élégance, mais qui ont de l'énergie et sont bien établis.

Il n'y a pas de comptabilité chez M. Guillemin, il n'y a que des comptes; mais il est évident que ses affaires vont chaque année en prospérant, et que c'est un bon cultivateur qui mérite des éloges.

MM. ROUSSEL (ACHILLE)

ROUSSEL (AMÉDÉE)

A REIMS – LA – BRULÉE (PRÈS VITRY - LE - FRANÇOIS).

MM. Roussel (Achille) et Roussel (Amédée) sont deux frères qui cultivent, soit comme propriétaires, soit comme fermiers, et chacun pour leur compte, à Reims-la-Brûlée, près de Vitry, l'un 67 hectares 50 ares et l'autre 108 hectares d'excellentes terres et prés.

Leurs exploitations, d'ailleurs très-morcelées, sont enchevêtrées l'une dans l'autre ; leurs bâtiments et habitations sont porte à porte ; et, comme voisins, ce sont les deux meilleurs voisins, comme frères, les deux meilleurs frères, ce qui n'est pas commun.

Du reste, aux contenances près, visiter l'exploitation de l'un, c'est visiter celle de l'autre. Les bâtiments de chacun sont vastes et commodes : peut-être pourrait-on réclamer plus de régularité dans les soles de certaines écuries, qui sont parfois iné·gales.

Les terres sont bien tenues, et assainies par des fossés d'utilité collective et exécutés sous les auspices d'un vaste syndicat, dont ils ont été les premiers à faire partie.

L'assolement est celui de ce riche pays. Cette année les ensemencements consistaient en

	M. Roussel (Achille).	M. Roussel (Amédée)
Froment.........	20 hect.	39 hect.
Orge et avoine....	18	33
Trèfle.........		
Luzerne........	11	14
Jachère........		
Oléagineuses....	11	14
Prairies naturelles.	7 50	8
Totaux....	67 50	108

Toutes ces récoltes étaient belles, mais particulièrement quelques champs de blés, qui sont peut-être les plus beaux que nous ayons rencontrés dans notre course; on aurait dit qu'on y avait mis du guano, tant ils contrastaient avec ceux des voisins.

Ces deux honorables cultivateurs produisent eux-mêmes leurs chevaux, et ils en vendent même à la remonte; ce sont de bonnes bêtes ayant déjà de la finesse.

Les vaches sont de race Schwitz et croisées.

Les moutons, de race mérinos et excellents.

Sans avoir fait des innovations extraordinaires, parce qu'il n'y en avait pas à faire, MM. Roussel se sont toujours tenus au courant du progrès, ils ont constamment donné le bon exemple, et par là ont acquis une influence méritée; aussi prions nous le jury de vouloir bien leur adresser des compliments.

M. LAMAIRESSE-PETIT

M. Lamairesse-Petit, un peu fermier, beaucoup propriétaire, est un homme actif, intelligent, rude à lui-même et peut-être un peu aux siens. Chez lui le confort paraît, en effet, passer loin en arrière du rapport, et de ce côté il s'y entend. Marié en 1836, avec un apport de 25,000 fr., qui s'est augmenté de 27 hectares de terres et de prés provenant du quart du bien paternel, il possède, dit-il, plus de 100,000 fr. aujourd'hui ! C'est très-beau ! Aussi la commission, surtout après avoir admiré une grange monumentale, qu'il a fait édifier et qui pourrait servir de modèle, si elle n'était pas si chère, aurait-elle voulu le voir reconstruire une quantité considérable de bâtiments indispensables, et qui tombent en ruine dans son exploitation.

Quant à l'exploitation, elle se compose de 92 hectares, représentant la part d'héritage de ses frères et sœurs dont il est le fermier. 132 hectares dont

il est le propriétaire, et des bâtiments qu'il a
rachetés à ses cohéritiers.

Ces 236 hectares, sauf 17 hectares de prairies
naturelles, et 17 hectares nature d'oseraies, situés
dans les alluvions de la Marne, sont des terres
arables, presque toutes sur le terrain crayeux
de qualité moyenne.

M. Lamairesse ne tient pas à un assolement
fixe : l'état de la terre, la quantité de fumier qu'elle
peut recevoir le décident avant tout : c'est qu'en
effet, le grand morcellement de la propriété, l'é-
loignement de certains champs, situés parfois à
3 ou 4 kilomètres du centre d'exploitation, le mauvais état des chemins de desserte, sont autant
d'obstacles aux cultures régulières : obstacles qui
ne pourraient être en partie levés, qu'autant qu'on
diviserait l'exploitation en deux et qu'on y créerait
deux centres. C'est aussi à quoi songe M. Lamairesse, et il fera bien.

Cependant, en 1860, voici quel était l'état des
cultures :

<pre>
Froment................... 40 hectares.
Seigle..................... 12
Avoine..................... 22
Orge 13
Méteil   6
Sarrasin   4
Colza......................   4
Racines diverses...........   3
Jarosse et dravière........   9
Trèfle, luzerne, sainfoin.. 41
</pre>

Prairies naturelles. 17
Oseraies 17
Jachères 48

Total. . . 230 hectares.

Ainsi, en résumé, il y avait 93 hectares en céréales diverses, 7 hectares en plantes sarclées, 77 hectares en fourrages, 21 en oseraies et sarrasins, et 48 en jachère, c'est-à-dire que plus du cinquième des terres arables était en jachère.

Quant aux bestiaux, ils se composaient de :

Chevaux. 11
Juments 6
Poulains 2
Bêtes bovines diverses. 50
Bêtes ovines 800

représentant 150 têtes de gros bétail, et 75,000 kilos de poids vif, c'est-à-dire 370 kilos à l'hectare arable.

Quant aux récoltes, elles n'étaient guère plus que passables, car, à côté de très-bonnes pièces, il y en avait de très-médiocres. Aussi, en les voyant, nous nous sommes demandé comment, dans de telles conditions et avec une si faible proportion de fourrages, on pouvait nourrir une aussi grande quantité de bétail.

M. Lamairesse nous l'a fait comprendre très-simplement : Saint-Martin-sur-le-Pré est un village très-peu peuplé, mais dont le territoire est très-

étendu, et, en dehors de lui, exploité par des cultivateurs, qui, étant forains, n'ont pas droit au
parcours des terres ni des prés, où dès-lors il
trouve lui-même et sans partage d'immense ressources, dont il profite amplement pour développer
la spéculation animale, mais non pas les cultures,
parce que la vaine pâture exercée comme nous
venons de le dire, fournit peu de fumier à l'exploitation.

Comme on le voit, M. Lamairesse sait compter, et le jury ne sera plus étonné qu'il fasse
de si bonnes affaires. Malheureusement, il a des
bâtiments qui laissent trop à désirer, des récoltes trop faibles et 48 hectares de jachères qui,
dans sa position spéciale près d'une grande ville,
sont trop contre les principes, pour que la Commission ose le discuter sérieusement pour la prime,
ou même pour une médaille spéciale.

M. TRUBERT

M. Trubert, à Plivot, est un bon propriétaire-cultivateur, qui a amélioré singulièrement sa position à force de travail, de soins et d'économies bien entendues, en faisant valoir son bien à l'aide de ses enfants et de quelques domestiques.

Son domaine est de 65 hectares très-morcelés : les terres arables, d'une assez bonne nature, sur craie jaune désagrégée, comptent pour 50 hectares, et les prés, situés dans les alluvions de la Soude, pour 15.

Ses cultures, quoique ne tranchant pas énormément sur celles de ses voisins, sont d'ailleurs très-soignées ; il suit la vieille méthode de Brie, modifiée un peu par l'introduction des artificielles.

Le bétail est beau, très-bien tenu, et en assez grande quantité. Il a 7 belles vaches fribourgeoises, 5 bons chevaux percherons. 12 excellents béliers

métis mérinos, qu'il loue aux cultivateurs voisins,
88 brebis, 140 agneaux gris et blancs. Le tout représentant 18,000 à 20,000 kilos de bétail vif, c'est-
à-dire 360 à 400 kilos par hectare de terres arables.

Chez M. Trubert, tout est soigné, depuis les
bâtiments jusqu'au fumier, et, sous ce rapport,
son exploitation doit être donnée comme un excellent modèle d'ordre et de bonne tenue.

Les profits ont été importants, puisque, tout en
vivant honorablement, il a acheté 20 hectares de
terre, a donné 15,000 fr. à son fils en le mariant,
et a dépensé 30,000 fr. pour la construction de ses
hébergeages et bâtiments, qui sont bien entendus :
il est vrai que quelques ressources venues d'héri-
tages l'ont un peu aidé.

M. Trubert, sans être un novateur, est donc un de
ces bons administrateurs, qu'on aime à rencontrer
et qui doivent être cités avec éloge.

Aussi la Commission, considérant qu'il est de la
plus haute importance d'attirer l'attention des
agriculteurs sur les bonnes dispositions à donner
aux bâtiments, aux fumiers et aux détails d'inté-
rieur ; considérant, en outre, que tout l'établissement de M. Trubert a été construit par lui et sur
ses plans ; que tout y est bien compris, bien or-
donné et bien tenu ; que, sous ce rapport, il mérite d'être cité comme un modèle, propose-t-elle
au jury d'accorder une médaille d'argent à M. Trubert pour ce mérite spécial.

XVI

M. TILLOY

A LA CHAPELLE SERVON (ARRONDISSEMENT DE SAINTE-
MENEHOULD)

Au confluent de la Tourbe et de l'Aisne, entre
Servon et Ville-sur-Tourbe, dans l'arrondissement
de Sainte-Menehould, la vallée de l'Aisne, jusque-
là étroite et resserrée entre de hautes collines de
gaize, s'élargit subitement et s'exhausse en même
temps. C'est qu'en effet la gaize, dans laquelle
court jusque-là la rivière, cesse tout à coup sur un
des côtés et est remplacée, pour quelque temps, par
des marnes crayeuses, à travers lesquelles la Tourbe
suit son cours, pour venir se perdre dans l'Aisne
au point dont nous parlons. Or, ces marnes étant
infiniment plus entraînables et plus délitables que
la gaize, ont été aussi plus vite entraînées par les
eaux, et sont venues par leur abaissement former
une espèce de plaine basse, qui ne cesse que lorsque l'Aisne rentre complétement dans les gaizes.

Quant au terrain lui-même il est nécessairement marneux à la surface et gaizeux en dessous.

Conditions excellentes quand la couche supérieure n'est pas entièrement décarbonatée et n'a
pas plus de 10 à 15 centimètres d'épaisseur; parce
que, même en ne tenant pas compte d'un effet
très-sérieux de capillarité, qui marie les deux couches; il suffit, dans ce cas, de quelques bons coups
de charrue et d'un bon défoncement, pour mettre
en présence les éléments, qui manquent aux calcaires, c'est-à-dire la potasse et la soude, que les
gaises contiennent en abondance, et le calcaire qui
manque aux gaizes, et perméabiliser ainsi le sol
tout en l'enrichissant.

Conditions médiocres quand la couche calcaire
est juste assez épaisse pour que la charrue ne puisse
pas atteindre la gaize, parce que, le mélange précédent n'a lieu qu'imparfaitement.

Conditions nulles, quand le sous-sol gaizeux est
de beaucoup en contre-bas de la surface.

Conditions déplorables dans tous les cas, quand
la surface marneuse est décarbonatée, parce que
tous les inconvénients se trouvent réunis.

Tels sont les effets variés qu'on obtient au con-
tact des gaizes et des calcaires; effets qui se font
tous remarquer dans la plaine dont nous parlons,
mais qui, de plus, s'y multiplient parce qu'en
certaines parties les eaux viennent encore les
compliquer.

Il est malheureusement, en effet, dans cette
plaine, des portions étendues qui sont tout à la fois
trop élevées par rapport au plan d'eau des rivières, pour qu'on puisse y créer de riches prairies,

telles que celles qu'on remarque dans la vallée ré
gulière, pendant qu'elles ne le sont pas assez pour
que les récoltes à la charrue ne courent pas les
chances de crues intempestives qui alors les perdent complétement.

Rien n'est pis, vous le savez Messieurs, que de
telles conditions : ce n'est que par de vastes irrigations d'ensemble, qu'on pourrait tirer parti de
tels terrains : Espérons qu'agriculteurs, propriétaires et ingénieurs le comprendront un jour !

La ferme de la Chapelle Servon, qui compte
180 hectares, et qu'exploite M. Tilloy, l'un des
concurrents, est un des types les moins favorisés
du genre que nous venons de décrire. Y fait-il de
bonnes affaires? Il le dit. Son bail de 6,000 fr. s'est
élevé à 7,500, et dans cinq ans il sera de 10,500. Il
est vrai que son propriétaire, frappé des essais de
drainage dus à l'initiative de son fermier, lui en
fait pour 40,000 fr., c'est-à-dire qu'il draine toute
la propriété, même les prés, ce qui est de trop.

Les bâtiments de la Chapelle sont vastes et bien
disposés, mais auraient besoin des plus sérieuses
réparations. Le propriétaire n'y donne peut-être
pas tous les soins qu'il devrait, et le fermier, malgré des améliorations qu'il s'attribue, semble
bien imiter un peu le propriétaire.

Quant au domaine, il se compose de 150 hectares de terres arables, et de 30 de prairies naturelles.

L'assolement est de six ans : deux années sont
en froment, deux en seigle, avoine et orge, une

en trèfle, la dernière en jachère avec quelques
plantes sarclées.

Pour des terres d'un travail pénible et à 60 fr.
l'hectare, une année de jachère n'est guère accep-
table en principe; cependant les mauvaises herbes croissent dans ce sol avec tant d'énergie, il y
faudrait des cultures sarclées si bien faites, mais
d'une exécution parfois si difficile, que la jachère
peut encore se défendre; mais ce qui ne se dé-
fend pas, c'est le désordre! et, malgré un travail
incessant, des efforts énergiques, une initiative
ardente, un dévouement à la propriété, qui ne re-
cule pas toujours devant des sacrifices personnels,
et que nous vous demanderons de récompenser.
nous sommes obligés de dire qu'il y a du désordre
chez M. Tilloy : déjà nous l'avons signalé à propos
des bâtiments, maintenant c'est à propos des terres.

Ensuite on entreprend trop à la fois : hier on
drainait, aujourd'hui on nivelle immédiatement
des champs en larges billons, fortement endossés,
et on se jette tout à coup dans un terrain neuf et
très-appauvri. Dans cinq ans, on sera meunier, en
même temps que cultivateur, puis on arrosera
30 hectares de prairies; enfin on commence tout,
on ne finit rien, et, à côté de cela, M. Tilloy fait
de très-bonnes choses.

Mais, vous le savez, messieurs, l'agriculture ne
vit pas seulement de bonnes intentions et de choses
à moitié faites; avec elle l'action du temps compte
souvent plus que celle de l'argent; aussi, malgré
beaucoup de travail, les récoltes de la Chapelle ne

nous ont-elles qu'à demi satisfaits. Beaucoup
d'herbes, beaucoup de chardons, de l'inégalité
partout, et des espérances médiocres, telles sont
les observations de la Commission.

Quant aux bestiaux, ils sont nombreux et généralement bons. Il y avait :

Chevaux, juments et poulains.   15
Bœufs de travail.   14
Vaches, élèves et veaux.   50
Moutons, environ.   600

Porcs, de tout âge, environ.   30
Le tout représentant un poid vif de 50,000 kilos,
entretenu pendant toute l'année.

Les chevaux n'ont rien de remarquable, ni de
mauvais.

La race bovine est bonne, on fait un usage assez
heureux d'un taureau et de quelques vaches du
Glane ; mais on va essayer du Durham, un taureau
a été acheté pour cela à Fouilleuse, c'est la conséquence de cet amour pour les essais, auquel nous
applaudirions si M. Tilloy était un riche propriétaire, mais que nous devons réprouver chez un
fermier dans sa position.

Les moutons ne sont pas élevés à la ferme ; chaque année on les renouvelle ; la cachexie détrui-
rait un troupeau régulier. On s'en tient donc à
l'engraissement, et on fait bien.

Quant aux prés, ils n'ont rien non plus de merveilleux ; mais ce n'est pas la faute de M. Tilloy,
car il les a améliorés autant qu'il était en lui, en

les assainissant à l'aide d'un canal qu'il a creusé à
ses frais dans un ancien lit de la Tourbe. C'est là,
messieurs, un beau travail, et comme, d'ailleurs,
il s'est répété sur nombre de pièces, moins importantes, il est vrai, mais toujours dans les mêmes
conditions, nous prierons le jury d'y avoir égard.
Considérant ensuite, que depuis près de quarante
ans, les Tilloy sont de père en fils les exploitants
de la ferme de la Chapelle-Servon, qu'ils consi-
dèrent comme leur chose; que, dans leurs mains,
elle est montée de 4,000 fr., à 8,500 fr., toute défal-
cation faite de l'intérêt des travaux de drainage,
dont le concurrent a été le promoteur : la Commission vous propose-t-elle de voter une médaille
d'argent à M. Tilloy pour ses assainissements.

XVII

M. VIGY

M. Vigy était cabaretier et s'est à peu près ruiné à ce vilain métier. De désespoir il s'est fait fermier, et s'est enrichi tout en élevant une nombreuse famille. Le fait est rare, tandis que la réciproque est malheureusement trop commune. Applaudissons donc à la ruine et à la fortune de M. Vigy !

C'est à Pogny, dans l'arrondissement de Châlons-sur-Marne, qu'il s'est perdu, et c'est tout près de là, à Vitry-la-Ville, dans une ferme de 150 hectares, appartenant à M. le comte de Riocour, qu'il s'est sauvé. Mais ce qui doit encore être noté, c'est qu'il a succédé à un fermier, qui, après quarante ans d'exercice, venait de se ruiner dans cette même ferme, en même temps que lui dans son cabaret.

Ce détail est singulier, mais il est intéressant et prédispose bien en faveur de Vigy.

Si maintenant vous voulez juger de l'exploita-

tion à ses débuts, le fermier devait, par son bail,
tenir 200 moutons et 20 têtes de gros bétail. Ce
n'était guère pour 150 hectares ; cependant M. Vigy
ne put d'abord atteindre cette faible quantité. Au
lieu de 200 moutons, à peine s'il en eut 150, et
de la pire espèce, puisque tout le troupeau ne
coûta pas tout à fait 2,400 fr. Bien plus, pour les
nourrir, il fut obligé d'emprunter des fourrages à
des prés voisins à lui appartenant. Tandis qu'aujourd'hui, il a 27 vaches et taureau très-beaux et
très-bons ; 9 chevaux dont quatre d'un type excellent et tout spécial, qui mériterait d'être étudié,
et 300 beaux moutons, qui se retrempent sans
cesse aux sangs les plus précieux. Mais, avec le bétail, les récoltes se sont accrues dans les mêmes
proportions. Ainsi, à sa première année, en 1851,
il fit 477 quintaux métriques de céréales diverses ;
en 1859, 910 ; pendant qu'en 1857, il s'élevait jusqu'à 1,030.

Il n'y a pourtant que neuf ans que M. Vigy est
dans la ferme ; comment ces résultats ont-ils été
acquis ?

Dans cette exploitation, les terres sont très-
morcelées et se développent sur un vallon très-
allongé et très étroit, à l'aval duquel est malheureusement et fort mal placé le centre d'exploitation ;
de plus les chemins sont mauvais ; or les terres les
plus éloignées, qui déjà géologiquement sont les
moins bonnes, avaient été jusqu'à M. Vigy extrêmement négligées ; beaucoup même étaient restées
tout à fait en friche, et c'est à les mettre en valeur

qu'il s'est d'abord appliqué. Ceci, messieurs, constitue, surtout pour un fermier, un titre sur lequel
nous vous demandons la permission de revenir.
Enfin, il a singulièrement étendu la culture des
artificielles et des pâturages pour les moutons.

Nous avons visité avec soin un grand nombre
de pièces. Elles sont toutes en terrain essentiellement calcaire et sur la craie pure ; mais, dans
cette visite, nous avons rencontré un exemple de
disparition rapide du calcaire, qui nous a singulièrement frappé. Nous venons de vous dire, que
les pièces de terre se développaient dans une petite vallée peu profonde et très-longue ; or, sur les
rampes, le sol est assez fertile pour ce genre de
terrain, pendant qu'au contraire, dans le thalweg,
chose singulière, il est relativement bien plus pauvre, quoique ce thalweg soit constamment rem-
blayé par le terrain des rampes.

Nous ne pûmes tout de suite nous expliquer la
cause de cette anomalie ; mais, en regardant bien,
nous finîmes par nous douter, que le calcaire manquait presque absolument dans les parties les plus
pauvres, et bientôt l'expérience vint confirmer
nos doutes.

Par conséquent, pour enrichir cette partie du
territoire de Vitry-la-Ville, il faudrait la marner,
c'est-à-dire qu'il faudrait marner un terrain qui,
à moins de cent mètres à droite et à gauche, est
dominé par la craie.

C'est là un exemple frappant, qui démontre avec
quelle rapidité la craie se dissout et disparaît

en Champagne sous l'influence de la culture et particulièrement des fortes fumures ; il démontre encore, combien la terre de Champagne s'épuise vite et à quel point il est indispensable de presser la décomposition de la craie, afin de renouveler le sol le plus rapidement possible, seul moyen de le maintenir à la plus grande fertilité.

Quant aux récoltes, elles étaient pour la plus part très-belles, et particulièrement les artificielles, dont il existe près de 25 hectares, sans compter les pâtures et des prés dont partie quoique appartenant au concurrent, sont consacrés au service de l'exploitation, au concurrent. On fait encore 4 à 5 hectares de betteraves et de pommes de terre très-soignées.

Cependant, au fur et à mesure que les récoltes et les animaux s'augmentaient, il fallait que les bâtiments s'accrussent dans les mêmes proportions ; aussi, après avoir disposé en étables, écuries et bergeries toutes les anciennes constructions, qui étaient le plus à portée, a-t-on construit encore une vaste grange de 47 mètres de longueur sur 14 de largeur ; mais, dans son impatience, M. Vigy en avança les frais : frais qu'il retient d'ailleurs sur le prix de fermage.

Quant à la comptabilité, elle n'existe pas ; mais il y a des résultats acquis. M. Vigy le dit, tout le monde le dit, et cela a paru évident à la Commission. Nous calculons en effet qu'il peut mettre de 3,000 à 4,000 fr. de côté par an, sa peine, celle de deux fils et de sa femme, ainsi que l'intérêt de son mobilier de culture, étant comptés dans cette somme ; en sorte que, toute déduction faite, les bénéfices seraient de 2,000 à 3,000 fr.

Tels sont, messieurs, les titres de M. Vigy ; c'est d'ailleurs un homme aimé de tous ceux qui le connaissent, à commencer par M. de Riocour, son propriétaire, qui est enchanté de le voir réussir. De plus, M. Vigy a eu une influence heureuse sur les cultivateurs ses voisins, qui cherchent à l'imiter et l'imitent en effet ; il ne peut donc pas manquer d'exciter les sympathies du jury.

Malheureusement, quels que soient ses mérites, il ne peut pas arriver à la prime. Son exploitation, en effet, ne peut servir de modèle, elle est trop morcelée, les pièces trop écartées et les bâtiments trop mal placés. Quant à ce qui le concerne personnellement, bien qu'il ait fait beaucoup, et l'on peut dire à peu près tout ce qu'il y avait à faire, il n'a pas eu à vaincre des difficultés aussi grandes, que celles dont se sont très-heureusement tirés quelques autres concurrents, qui ont d'ailleurs obtenu des résultats égaux, si ce n'est supérieurs.

Mais il est un fait dont on doit lui tenir grand compte, c'est d'avoir mis en valeur, lui, simple fermier, une surface importante de terrains appartenant à son propriétaire : terrains restés incultes avant lui, et d'avoir si bien réussi, que tous les cultivateurs, propriétaires ou fermiers voisins, l'ont imité. En conséquence, la Commission demande au jury de lui voter une médaille d'argent, pour ce fait spécial.

XVIII

M. CHARPENTIER-COURTIN

A LA FERME DE MODLIN, PRÈS DE REIMS.

M. Charpentier-Courtin, ancien négociant en laines et en tissus à Reims, fut en 1830 effrayé des chances, que courait la fortune d'un commerçant, par suite d'événements sur lesquels aucune prudence humaine n'a d'action : il résolut donc de placer en biens-fonds 100,000 fr. environ.

Mais acheter une propriété toute faite était placer son argent à 3 ou 4 pour 100 seulement ; et c'était un bien petit intérêt pour un commerçant, qui, treize ans avant, n'avait eu que 20,000 fr. pour commencer, mais dont la prospérité, fort légitime du reste, avait été telle qu'il pouvait alors, et sans ralentir ses affaires, en immobiliser 100,000. Or en achetant à bon marché des terres presque incultes qu'il avait remarquées dans les environs de Reims, les améliorant et y créant une ferme, M. Charpentier devait espérer davantage : mais la chose était difficile.

Ces terres, en effet, après avoir appartenu à
l'ancien archevêché de Reims, étaient, en 1793,
passées entre les mains de l'État, qui avait main-
tenu les anciens fermiers, moyennant un fermage
de 2 fr. par hectare, au lieu des deux boisseaux
d'avoine qu'ils payaient précédemment. Or, en usant
de certain décret de l'Empire on pouvait bien acheter les terres; mais ensuite, comment se débar-
rasser des fermiers, qui jouissaient en vertu d'un
bail emphytéotique ayant encore une très-longue
durée à courir? il n'y avait qu'un moyen, c'était de
dé-intéresser d'abord les premiers ayant-droit, ou
plutôt leurs héritiers, puis les preneurs ulté-
rieurs, etc., etc. Mais consentiraient ils? d'ailleurs
que demanderaient-ils? C'était en effet une affaire
délicate et laborieuse :

« Je ne me dissimulai pas, dit M. Charpentier
« dans son mémoire, les nombreuses difficultés
« que j'avais à surmonter ; mais, confiant dans
« mon énergie et mon activité, j'entrepris de
« traiter avec tous les ayants-droit au bail. Dire
« les voyages et démarches que j'ai faits me serait
« impossible. Cependant, en l'espace de six mois,
« je suis parvenu à traiter avec tous ceux, qui
« avaient un intérêt dans cette affaire.

« Profitant d'un décret du temps de l'Empire,
« qui autorisait les détenteurs des terres de main-
« morte à rembourser le capital au taux de 3 p. 100,
« j'ai réclamé près des hospices de Reims l'appli-
« cation de ce décret, ce qui n'a pas souffert de
« difficultés.

« Le compte établi, tant pour le remboursement
« du capital, que pour les fermages qui étaient
« dus, je suis devenu propriétaire de 52 hectares,
« qui me coûtaient 4,850 fr. »

Tel est le noyau de la ferme de Modlin, qu'exploite M. Charpentier ; tel est aussi son point de
départ comme propriétaire.

Cependant, 52 hectares de pareilles terres, c'était
trop peu pour y élever des constructions importantes et y fonder une ferme. M. Charpentier con
tinua donc ses démarches, non plus auprès de l'État,
des hospices et des fermiers détenteurs de biens
de mainmorte, mais auprès des propriétaires ordinaires devenus ses voisins. Or, moyennant 200 à
300 fr. de l'hectare, il avait, dès 1832, porté sa
propriété de 52 à 80 hectares. Cette surface lui parut suffisante pour commencer. Aussi, à la fin de
la même année, il y établissait un chef de culture,
sa femme et des domestiques, chargés d'exécuter
les travaux d'exploitation, dont il s'était réservé la
direction. Telle est l'origine du concurrent comme
agriculteur.

Aujourd'hui la ferme compte 140 hectares ayant coûté..............   52,417 fr.

Des constructions au prix de revient
de..........................   29,210 »

Un mobilier de ferme : bestiaux, fourrages, pailles, instruments.......   28,555 »

Total :   110,182 fr.

Ces 140 hectares sont tous sur terrain crayeux,
parfois même ultrà-crayeux, car le calcaire affleure
souvent la surface. La propriété compte 67 parcelles ; et les cultures se répartissent de la manière
suivante :

Jachère. . . . . 3 hect.
Céréales d'hiver. . . . . 48 »
    dont moitié en froment, un quart en
    seigle, un huitième en escourgeon,
    un huitième en avoine d'hiver.
Céréales de printemps, orge et avoine. 19 »
Artificielles (les luzernes comptent
    pour 36 hectares . . . . 50 »
Mélanges de seigle avec lentilles, ja-
    rosses et bisailles pour fourrages. . 14 »
Betteraves. 1,50
Chemins, jardins, emplacement des
    bâtiments et terres vaines. 2,90
                         Total : 140 hect.

D'après ce relevé, les céréales figurent donc à
peu de chose près pour 50 p. 100, et les artificielles, fourrages divers et les racines pour autant.
A tout cela il faut ajouter 6 hectares de navettes à
pâturer, en cultures dérobées.

Ces récoltes étaient médiocres et surtout iné-
gales, même eu égard à la mauvaise qualité des
terres, et, en les voyant, on regrettait la jachère :
il est évident aussi qu'elles péchent par manque
de fumier, ou plutôt que le fumier n'y est pas appliqué convenablement, comme on va le voir.

M. Charpentier-Courtin tire en effet son fumier de deux sources : la première, de ses écuries ; la seconde, de certains composts qu'il fabrique à Reims.

Occupons-nous d'abord des écuries, elles renferment :

Chevaux de culture race ordinaire (médiocres de qualité)........................   8

Vaches, génisses et bœufs de race bernoise croisée Durham (le tout très-estimable et remarqué dans les concours)..........   18

Moutons mérinos (très-médiocres, quoiqu'on fasse le commerce des béliers reproducteurs)............................   544

Le tout représentant un poids vif, qui atteint difficilement 40 tonnes. Sauf les vaches, ces animaux nous ont paru médiocrement nourris ; et, en tenant compte de la vaine pâture, dont on use beaucoup, ils ne doivent pas fournir plus de 700 tonnes de fumier normal par an, même en y comprenant le parcage des moutons ; ce qui ferait 5,000 kilos par hectare. Voici donc pour la première source.

Quant à la seconde, M. Charpentier a imaginé de réunir, sur un emplacement qu'il loue spécialement à Reims pour cet usage, les déblais de terre, qui sortent des fouilles, quand on construit des maisons ; là il les imprègne, dit-il, d'une grande quantité d'eau de dégraissage de laines, et, après égouttement, il en opère le transport sur ses terres.

Nous l'avouerons, messieurs, nous n'avons pas compris cette pratique.

Pourquoi ne pas transporter directement les eaux de dégraissage à la ferme? M. Charpentier croit-il que la terre de fouille de Reims, à la manière du noir animal, fixe les parties utiles de l'eau de dégraissage? Ce serait extraordinaire; mais ce n'est pas impossible. Alors, de trois choses l'une : si elle fixe des matières utiles, elles en fixe peu, moyennement, ou beaucoup. Si elle en fixe peu, il est plus cher de charrier de la terre que de l'eau, et la spéculation est fausse. Si elle en fixe moyennement, il n'y a pas d'avantage et plus d'embarras. Si elle en fixe beaucoup, ce n'est pas au Modlin qu'il faut transporter cet amendement, c'est dans les précieux vignobles des environs, qui sont sur les sables argileux, ou les argiles plastiques, et qui manquent tout à la fois de calcaire, de phosphate et d'azote. Cet amendement est en effet éminemment calcaire, puisque la terre qui en forme la base est du calcaire presque pur, calcaire précieux pour les vignobles et essentiellement nuisible au Modlin, dont le sol est ultra-calcaire : et où en ajouter, c'est mettre de l'huile sur le feu.

D'autre part, la spéculation est plus fausse encore, si, comme il est probable, la terre de Reims ne fixe pas les éléments utiles des eaux de dégraissage, car alors elles se décomposent rapidement et perdent la majeure partie de leurs éléments utiles, éléments qu'elles ne perdraient pas, si avec elles on

arrosait directement des prairies artificielles, ou,
mieux, des fumiers pailleux.

En conséquence, nous le répétons, nous ne com-
prenons pas cette pratique; nous aurions aimé la
voir étudiée avec soin et approuvée par le chimiste, distingué, que la ville de Reims a appelé
dans ses murs ou, mieux, imitée par les agriculteurs voisins.

Quoiqu'il en soit, nous ne voudrions pas, messieurs, pour une faute, qui se balance par 800 ou
1,000 fr. mangés chaque année inutilement, rabaisser à vos yeux un homme, qui a rendu de grands
services à l'agriculture, soit par son exemple,
soit par ses conseils ; qui un des premiers, il y a
plus de trente ans, deviné la valeur relativement
grande de terrains maudits, qui valaient à peine
100 fr. l'hectare, quoiqu'ils fussent à la porte d'une
cité riche et industrieuse. Non; ce que nous venons de dire est bien plus par respect pour les
principes, dont vous êtes les éminents défenseurs
que contre M. Charpentier-Courtin, qui n'est d'ailleurs pas chimiste. Aussi, malgré ce que nous
croyons une erreur de sa part, nous vous ferons remarquer qu'il a fondé une belle ferme dans un désert; que cette ferme compte un nombreux bétail,
tandis qu'elle n'était, au début, qu'un mauvais savart; qu'elle a réalisé des bénéfices certains; qu'elle
a servi de modèle, pendant longtemps, à tous ceux
qui l'entourent; que M. Charpentier-Courtin a été
le promoteur du progrès dans ces contrées, et qu'il

mérite à tous ces titres une haute distinction de votre part.

Aussi la Commission vous propose-t-elle de lui voter une médaille d'or spéciale, pour les services qu'il a rendus en mettant en valeur des terres incultes.

XIX

M. CH. DESSE

A SERMAIZE

MM. Charles Desse et Cᵉ ont succédé à MM. Edmond Boquet et Cᵉ, qui ont fondé la grande sucrerie de Sermaize, dans l'arrondissement de Vitry-le-François.

Comptant sur la haute qualité des alluvions argilo-silico-calcaires, qui se sont formées au point de jonction de l'Ornain, de la Saulx, de la Blaise, de l'Orconte, de l'Ulmois, de la Marne et autres rivières ou ruisseaux, qui tous se réunissent entre Sermaize et Vitry-le-François, c'est-à-dire dans un parcours de moins de 25 kilomètres ; les premiers fondateurs avaient espéré de se fournir de betteraves auprès des cultivateurs de cette vaste surface, qu'on appelle le Perthois, et, par suite, pouvoir se dispenser de cultiver eux-mêmes.

Malheureusement, il n'en fut rien ; la culture de la betterave était alors inconnue dans le pays, les terres n'étaient pas assez assouplies, ni fumées, pour donner ces gros rendements qui allèchent le cultivateur ; aussi, quand MM. Desse arrivèrent, ne trouvèrent-ils que la fabrique toute nue et furent-ils obligés de créer et de régulariser tout le reste. Pour commencer, ils louèrent des terrains aux prix élevés de 100 et 120 francs l'hectare, au lieu de 75 et 90 : ils firent venir des ouvriers du Nord et se firent cultivateurs, non-seulement à Sermaize, mais encore à Étrepy et près de Vitry-le-François, afin d'avoir, en divers endroits, de véritables écoles où ils enseignaient au voisinage à cultiver la betterave. Cependant, à force de soins, d'instances, de démonstrations et d'exemples, ils finirent par entraîner les cultivateurs dans cette voie de progrès, et réussirent si bien qu'aujourd'hui l'approvisionnement de la fabrique serait assuré même s'ils n'étaient pas cultivateurs.

C'est donc à MM. Desse, bien plus qu'à leurs prédécesseurs, qu'on doit l'introduction de la culture en grand de la betterave dans cette partie du département.

Considérés comme agriculteurs, tout chez eux est nécessairement dirigé du côté du but principal ; aussi l'assolement est-il le suivant :

1re année. Betteraves fumées avec fumier d'étable.

2e. Betteraves fumées encore, mais avec du guano et des résidus de défécation et de fabrique.

3e. Blé.

4e. Trèfle.

C'est avec des bœufs destinés à un engraisse-

ment prochain que l'on cultive ; il y a bien aussi
quelques chevaux, dont le travail, tout compte
fait, paraît dans ce genre de terrain, meilleur marché que celui des bœufs ; mais, tant à cause des
quantités de pulpes et de drêche de seigle, qu'on a
à consommer et dont on ne saurait que faire, que
parce qu'on obtient plus de fumier, on préfère les
bœufs.

Cependant, à l'occasion des fumiers, nous ferons
observer au jury que ceux de Sermaize sont arrosés avec les vinasses de distillerie. Cette méthode, quand les betteraves doivent produire de
l'alcool, nous paraît avantageuse *à priori* ; mais
quand, au contraire, elles sont destinées à la sucrerie, nous la croyons fautive : elle rend au terrain
des sels qui, bien que favorisant la vég tation de
la betterave, nuisent singulièrement à sa richesse
ou plutôt à son travail. Mais nous reviendrons sur
ce fait à l'occasion de M. Duchâteau, auquel nous
accordons des éloges mérités pour s'en être aperçu.

Quoi qu'il en soit, MM. Desse soignent beaucoup
leurs fumiers, et, tant à l'aide de leur propre culture, que des composts qu'ils fabriquent avec leurs
résidus de toute sorte, et des quantités importantes
de pulpes et de drêche de seigle, qu'ils empruntent
à leur industrie, et font consommer par leurs
bœufs, ils en produisent des masses considérables.
Aussi, malgré leur assolement épuisant, les récoltes sont-elles encore très-belles et vont en s'ac-
croissant chaque année. On doit donc leur accorder des éloges ; mais doit-on les discuter pour la

prime ? C'est, vous le savez, messieurs, à une exploitation qui peut servir de modèle au plus grand nombre, qu'elle doit être accordée. Or, quelque bien conduites que, soient les exploitations de MM. Desse, nous sommes obligés de reconnaître que, chez eux, l'agriculture passe bien après l'industrie et n'en est qu'une annexe; que, d'autre part, ils vont puiser dans leur fabrique de puissants moyens d'action, qu'ils ne créent pas eux-mêmes, puisque indirectement, ils les empruntent à leurs voisins, dont en quelque sorte, ils appauvrissent le sol au profit du leur; dès lors, ne pouvant servir d'exemple au grand nombre, ils doivent être écartés. Cependant, comme nul plus qu'eux n'a vulgarisé la culture de la betterave dans le département de la Marne, et que, chez eux, cette culture est très-bien entendue, la Commission propose au jury d'accorder à MM. Charles Desse et Ce une médaille d'or pour cette spécialité.

XX

M. BRACHET-HURET

A LA FERME DE BEAUSÉJOUR, COMMUNE DE MINAUCOURT
(ARRONDISSEMENT DE SAINTE-MENEHOULD)

Un des beaux sentiments du temps où nous vivons, c'est ce respect général pour tout travail utile : qu'il vienne de l'esprit ou qu'il vienne du corps, c'est le travail, et chacun le salue !

Nous vous avons déjà présenté, messieurs, et surtout nous allons vous faire valoir les titres d'agriculteurs excellents, chez qui l'intelligence prédomine de beaucoup sur la force physique ; mais voici un concurrent qui, sans étudier, sans comparer beaucoup, par sa seule résistance aux labeurs les plus pénibles, va cependant aussi mériter vos suffrages.

Vers 1826, M. Brachet-Huret n'était guère plus qu'un manœuvre, aujourd'hui c'est un propriétaire important. Voulez-vous que nous vous le peignions d'un trait : écoutez sa comptabilité :

1857 recette 17,675 f. ; dépense 3,235 ; boni 14,440f.
1858　　　　13,498 f.　　　　2,849　　　　10,649 f.
1859　　　　17,450 f.　　　　3,471　　　　13,979 f.

Ainsi 3,200 fr. de dépenses pour une culture de 190 hectares, contre 13,000 à 14,000 fr. de bénéfices nets.

Les dépenses vous paraîtront bien faibles, mais chez lui on ne compte pour rien le travail personnel, quoiqu'il vaille bien quelque chose, car il y a le père, la mère, six enfants, tous élevés et en partie mariés, et trois domestiques ; mais, pourvu que l'exploitation donne à boire et à manger à tout ce monde-là, on ne lui demande pas davantage, et tout le reste passe au bénéfice net. C'est pour cela qu'on trouve 13,000 fr. par an à économiser.

Au début, il est vrai, c'était bien moins brillant : une vache, son veau, et un pauvre cheval, tel fut le premier mobilier de culture. Mais on était jeune alors, et la jeunesse, c'est si beau, surtout quand on sait s'en servir ! C'est ce qu'on sut faire à Beauséjour : un pays affreux pour tout autre que M. Brachet-Huret et les siens ! Mais ne croyez-pas, messieurs, que ce soit par ironie qu'il ait donné ce nom gracieux au recoin désert où il a fixé sa vie et celle de sa famille. Les lieux, en effet, ne plaisent le plus souvent que par les souvenirs, qui s'y rattachent ou les espérances qu'on y fonde ; et, sous ce rapport, *Beauséjour* mérite ce nom pour son propriétaire.

Au commencement ce n'était qu'un savart désolé, dont les propriétaires d'alors se débarrassaient à l'envie à n'importe quel prix ; mais aujourd'hui c'est mieux : une petite rivière arrosant

un hectare et demi de pré, des fossés d'assainissement, qui servent de viviers, un verger en
plein rapport, qui ombrage le devant de la maison,
enfin 70 mètres de bâtiments d'exploitation, y ont
apporté un peu de vie.

C'est à mi-chemin de Perthes à Massiges, dans
l'arrondissement de Sainte-Menehould, au pied
des collines de marnes crayeuses, là où commen-
cent les craies arides de cette partie de la Champagne, qu'on rencontre le domaine de Beauséjour.
Il se décompose en :

Terres arables....................	155 hect.
Prairies naturelles...............	1 50
Pâturages secs ou savarts à amélio-	
rer..........................	31
Bois............................	2
Verger.........................	0 50
Total..............	190 00

Les terres arables comptent :

Froment...........................	10
Méteil.............................	16
Seigle.............................	16
Céréales de printemps................	52
Artificielles diverses durant deux ans.....	20
Cultures diverses et fourrages verts.......	2
Jachères..........................	39
Total.................	155

On le voit, à Beauséjour la jachère est encore en
honneur ; est-ce un mal ? Le terrain est si médiocre, d'une culture si facile, représente un si faible

capital, qu'on n'oserait guère la déconseiller. Les
récoltes sont d'ailleurs relativement bonnes.

Quant au bétail, ainsi que les terres, il s'est
aussi accru; on compte en effet :

Chevaux et juments............	6
Poulains....................	3
Vaches et taureau.............	11
Troupeau de mérinos fins.......	440
Belle basse-cour.	

Tout cela représente 28,000 kilos environ de poids
vif et 200 kilos à l'hectare : ce n'est pas énorme,
mais chaque année on achète 100 mètres cubes de
fumier dans le voisinage, ce qui vient compenser
le manque de bétail.

Cependant, nous en convenons, ce n'est pas de
la culture très-avancée, mais il faut tenir compte du
point de départ matériel et moral. C'est d'ailleurs
une véritable colonie, qui comptera bientôt sept
familles, que M. Brachet est venu fonder là. Il a
montré que, même n'ayant que ses bras, il n'est
pas nécessaire de traverser les mers et de se faire
pionnier yankee au milieu des forêts vierges, pour
devenir propriétaire : qu'il est encore malheureusement en France bien des déserts, que le travail
seul peut féconder et qui peuvent enrichir. Il a
donc donné un exemple utile et rare, que la Commission vous demande de reconnaître par une médaille d'or.

XXI

M. DE BRIMONT

M. Henri Ruinard de Brimond appartient à l'une des plus honorables familles de la Champagne, et en est un des plus dignes représentants : aussi, en héritant de la terre de Brimont, dans les environs de Reims, a-t-il accepté toutes les charges, que la vertu et la charité imposent à un grand propriétaire. Malheureusement, si ceux qui l'entourent profitent de ses vertus, ils ne le payent peut-être pas toujours suffisamment en zèle et en dévouement; aussi, pour contre-balancer leur apathie, M. de Brimont fait-il bien d'être doué d'une grande activité personnelle et d'un grand esprit d'ordre.

La terre de Brimont compte 308 hectares très-bien groupés autour du château, auquel sont attenants les bâtiments d'exploitation. Il a fallu quatre générations et plus de 800 contrats pour constituer cette agglomération de terrain.

Ces 308 hectares sont ainsi répartis :

Bois feuillus............ 170 hectares
Terres arables.......... 130
Vignes.................   3
Parc, avenues, chemins. .   5

        Total..... 308 hectares.

La propriété est fort agréablement accidentée.
Une partie est assise sur un mamelon élevé, que
couronne la masse la plus importante des bois. Là
le terrain est un sable grossier légèrement argileux. La partie basse, occupée en grande partie
par des terres arables et quelques bouquets de bois
faisant point de vue, est sur la craie. La partie in-
termédiaire, où sont les vignes et encore des terres
arables, est au point de partage des deux terrains
que nous venons de désigner; cependant, en raison des couches recoupées, l'argile plastique y domine sur le sable et le terrain crétacé.

Les bâtiments d'exploitation, les cours, les
places à fumiers, les fosses à purin, sont bien agen-
cés, dans un excellent état, et leurs dispositions
très-convenables sous tous les rapports. Mais une
vaste grange mérite particulièrement d'attirer l'attention : profitant de la déclivité et de la perméa-
bilité du sol et afin d'augmenter la hauteur normale
de la grange, M. de Brimont a creusé profondément
le terrain à droite et à gauche de l'allée, très-large
du reste, par laquelle entrent et sortent les chariots : en sorte que, la quantité de gerbes, qu'on
accumule dans cette grange, étant non-seulement

proportionnelle à la hauteur des piles, mais augmentant encore par la plus grande pression, que ces mêmes gerbes exercent les unes sur les autres, l'effet utile est de beaucoup accru, sans que le service du gerbier soit cependant gêné par la hauteur des piles. C'est d'ailleurs dans cette grange qu'est placée la machine à battre ; elle est du meilleur modèle de Duvoir, et rien n'y est ménagé pour en rendre l'usage facile et salubre. Les chevaux travaillent en dehors et à couvert, pendant que les hommes sont mis à l'abri des poussières, à l'aide d'aspirateurs et de chambres séparées et bien closes où viennent tomber les menues pailles. Dans toutes ces dispositions, les sentiments philanthropiques de M. de Brimont se révèlent encore d'une manière touchante.

Un autre détail ingénieux doit encore être mentionné : c'est une source artificielle qui domine tous les bâtiments et leur distribue l'eau. Chacun sait que, quand on perce des puits dans la craie, on ne rencontre généralement pas de sources proprement dites, mais simplement des suintements, qui donnent des espèces de pleurs d'autant plus abondants, que la surface des parois est plus considérable et les puits plus profonds. C'est donc une espèce de drainage vertical qu'on pratique ainsi dans la craie. Or, à Brimont, profitant de la position des habitations au bas d'un mamelon, dont le centre est crayeux, on a pensé que si, on creusait un tunnel, qui serait en quelque sorte un puits horizontal se dirigeant au cœur de la montagne, on obtiendrait des résultats tout semblables à ceux que donnent les puits ordinaires. C'est ce qui a eu lieu en effet, avec moins d'amplitude il est vrai, parce que la masse de craie à laquelle on emprunte l'eau est moins considérable et la charge d'eau moins grande, mais on y a suppléé en donnant plus de développement au tunnel, qui a près de 300 mètres de longueur. Comme vous le pensez la Commission a visité ce curieux travail avec le plus grand intérêt : nulle part on ne voit sourdre l'eau; les murs, formés par la craie elle-même, sont humides, voilà tout, et quoiqu'ils ne paraissent pas même suinter, il coule cependant à vos pieds, dans une rigole en pierre dure, un filet d'eau qui, d'assez important à l'entrée, le devient de moins en moins au fur et à mesure qu'on avance dans le tunnel, pour disparaître tout à fait quand on arrive au fond.

Les cultures, disposées en grandes pièces, bien délignées, se suivent ainsi :

Froment....................	18	hectares.
Seigle	17	—
Avoine....................	20	—
Orge......................	7	—
Lentillons.................	8	—
Dravières.................	8	—
Jachères pleines...........	11	—
Jachères avec pâtures volantes.	11	—
Racines...................	4	—
Prairies artificielles.........	26	—
Total....	130	hectares.

Ainsi, les céréales figurent pour.   47 pour 100.
Les prairies artificielles.   20   —
Les jachères pleines.   9   —
Les demi-jachères.   9   —
Les dravières et les lentillons. . .   12   —
Les racines.   3   —

A ces ressources en fourrage, il faut encore ajouter 10,000 kilos de foin, tirés annuellement de propriétés en prairies naturelles excellentes, que M. de Brimont possède dans la vallée de l'Aisne.

Cet assolement est améliorant et bien entendu ; les récoltes marquent un progrès très-prononcé sur celles du voisinage.

Quant aux animaux, M. de Brimont n'a pas été heureux lors de notre visite : son étable, habituellement belle, venait d'être décimée par la péripneumonie gangréneuse, en sorte qu'on avait livré à la boucherie la plupart des animaux, qui n'avaient pas été atteints ; nous n'avons donc pas pu juger : cependant ils passaient pour être assez laitiers.

Les chevaux sont de race ordinaire, de bonne conformation et de solide constitution.

Le troupeau est de race métis-mérinos, de qualité supérieure.

Quant aux porcs, on a fait une expérience, qui prouve une fois de plus combien les descendants femelles tiennent du père et les mâles de la mère. C'est en croisant un sanglier mâle avec des truies domestiques, qu'on y est parvenu. Tous les produits femelles ressemblent, à s'y méprendre, à des laies de sanglier; quant aux mâles, ils semblent au contraire des porcs ordinaires, ayant peut-être un peu moins de rondeur et de précocité dans les formes. En résumé, l'expérience est intéressante au point de vue physiologique; mais elle n'a certes pas lieu d'être suivie au point de vue pratique, ce serait retourner en arrière. C'est, du reste, ce que sait bien M. de Brimont. qui, à côté de ses métis-sangliers, a de très-bons porcs des meilleures races.

Voici la liste des animaux en temps normal :

Taureaux, vaches et génisses.....	33
Chevaux........................	10
Béliers, moutons, brebis, agneaux..	430
Porcs adultes...................	13

représentant 41,000 kilos de bétail vif environ. C'est donc 310 kilos à l'hectare. La qualité des terres, et la salubrité du climat, qui permet au troupeau de sortir presque en tout temps, pendant le printemps, l'été et la moitié de l'automne, permettraient peut-être d'en tenir davantage; il faudrait sans doute leur sacrifier du grain, mais on y gagnerait encore de toutes les manières.

Quant aux résultats économiques, sans être excessifs, ils ne sont pas onéreux non plus, et certainement, comme propriétaire, M. de Brimont tire de ses terres un revenu plus considérable, que s'il les louait à un fermier, tout en se conservant l'avantage de donner un bon exemple et d'occuper par lui-même toute la population qui l'environne. C'est là une méthode de passer dignement et uti-

lement sa vie, que devraient suivre bien des gens
dans la position de M. de Brimont ; il y aurait
intérêt et agrément pour eux et utilité pour la
société, qui profiterait ainsi de bien des intelli-
gences, qui se perdent à ne rien faire, quand elles
ne se perdent pas à mal faire.

Mais, messieurs, il est un point important sur
lequel nous devons insister, parce qu'il constitue
un titre à une médaille spéciale : c'est sur cette
forêt tout entière, que M. de Brimont et les siens
ont créée. Il y a là 170 hectares de bois feuillus
d'une belle venue, et dans des sols inférieurs
encore à ceux des savarts, car en aucun temps ils
ne seront labourables. Pour réussir, il a fallu rechercher les essences, qui devaient être préférées,
de plus Brimont est un des points où a été donné
ce grand exemple, de planter des bois en Champagne, et où a commencé cette heureuse spéculation ;
il y a donc eu initiative et grand service rendu
par la famille de Brimont. Mais, dira-t-on peut-
être, ce n'est pas le concurrent qui a commencé,
c'est son père ! il n'a fait que continuer ! Cela est
vrai, messieurs, mais celui qui plante un arbre
est rarement celui qui profite de la poutre, que
cet arbre doit produire : Et comme vous n'accordez
des récompenses, que pour des faits accomplis, il
en résulterait qu'en ne récompensant pas l'héritier
de celui qui a planté, vous ne récompenseriez personne ; il y aurait là ingratitude de votre part,
ce qui est bien loin de votre pensée. D'ailleurs,
quelle mission accomplissons-nous ici, si ce n'est

celle d'encourager encore plus que de récompenser? Eh bien, quel encouragement plus grand pouvez-vous donner à ceux qui se lancent dans ces grandes opérations de reboisement, si onéreuses, si ingrates, si utiles, que de leur promettre qu'un jour, dans la personne de leurs enfants, un jury composé de leurs pairs reconnaîtra leurs services?

En conséquence, la Commission a l'honneur de vous proposer, d'accorder une médaille d'or à M. Henry Ruinart de Brimont, pour reboisement de vastes surfaces incultes en bois taillis.

XXII

M. DUGUET

M. Duguet est un des agriculteurs les plus dis-
tingués du département de la Marne : c'est le
concurrent, qui représente le mieux le cultivateur
des environs d'une grande ville, car il n'est aucune
ressource qu'il ait laissé échapper : depuis la vente
du lait et des œufs, jusqu'à l'acquisition de
masses de fumier et de boues de villes, qui abon-
dent autour de lui, il a profité de tout.

D'autre part, depuis plus de trente ans qu'il est
maître de poste à Châlons-sur-Marne, il utilise très-
habilement les fumiers de sa poste et le temps
perdu de ses chevaux à faire valoir ses champs.

Sa culture s'étend sur 172 hectares disséminés
autour de Châlons, plus, un vignoble de 5 à 6 hectares situé dans les clos célèbres de Cramant. De
part et d'autre il a marché dans la voie du progrès
sérieux et utile.

Ainsi, avant 1844, époque à laquelle il reçut une
médaille d'or pour ce fait, il avait complétement
et très utilement supprimé les jachères, et les avait
remplacées par d'abondants fourrages de printemps, consommés sur place par les moutons.

Le sol de certaines pièces de terre était de qualité inégale ; à l'aide des boues de la ville, ou de
transports et de déplacements de terre, faits à temps
perdu par les chevaux de poste, il les a égali-
sées.

Autant que la nature du terrain et la disette de
main-d'œuvre l'ont permis, il a étendu la culture
des plantes sarclées ; il en a aujourd'hui 9 hectares,
dont une moitié en racines et l'autre en oléagi-
neuses.

Chez lui, la plupart des instruments nouveaux
et des engrais ont été essayés, et ceux qui ont le
mieux réussi sont restés en usage. Ainsi, dès 1831,
M. Duguet avait une machine à battre.

Depuis son entrée en ferme il a doublé en surface et presque en produit les artificielles à fau-
cher.

Le bétail a suivi la même progression. Avant lui
il n'y avait pas de moutons dans son exploitation, il
les y a introduits, et quand les chevaux de la poste
sont devenus moins nombreux, il a augmenté son
troupeau, l'a porté à un chiffre considérable, tout
en en élevant la qualité, qui est supérieure.

Du reste, si on veut bien apprécier M. Duguet,
qu'on compare son point de départ avec son point
d'arrivée, voici le tableau :

	Cultures en 1830, 167 hect.	en 1860, 172 hect.
Céréales d'automne.............	48	48
Céréales de printemps........	45	43
Prairies artificielles à faucher..	21	43 5
Pâtures sur jachères fumées....	0	15 5
Pâtures sèches..............	0	6
Prés naturels..............	7	6
Jachère pleine.............	45 5	1
Colzas et navettes...........	0	4
Betteraves................	0	4
Pommes de terre.............	0 5	1
Totaux......	167 h.	172 h.

Quant au bétail, le contraste est encore plus frappant :

	En 1830.	En 1860.
Chevaux...................	73	28
Vaches....................	4	12
Moutons en toute saison.......	0	752
Moutons en sus, l'été seulement.	0	300
Porcs.....................	0	4

Réduit en kilos, ce bétail pouvait représenter à peu près 39,000 kilos en 1830, tandis qu'il atteignait 68,000 au moins en 1860, parceque les moutons sont gros; c'est-à-dire que le poids a augmenté de 74 à 75 p. 100, cependant les surfaces ensemencées en céréales n'ont pas varié, et les cultures en colzas et en betteraves ont été créées et se sont étendues à 8 hectares.

Maintenant quelle était la différence des récoltes entre les deux périodes? Nous ne pouvons

nous prononcer sur celles de 1830. mais celles de
1860 étaient si belles, si régulières, si complètes
et si bien tenues, que les céréales seules ont dû
certainement plus que doubler.

Pour s'en convaincre, il n'est d'ailleurs besoin
que de comparer les moyens d'action anciens avec
les nouveaux : Autrefois, sauf 4 vaches, on se con-
tentait du fumier des 73 chevaux de poste, dont
moitié au moins de la partie la plus riche se perdait sur les routes ; aujourd'hui, au contraire, la
quantité réelle d'engrais a presque doublé, par le
poids du bétail, et triplé par le genre d'emploi de
ce même bétail ; de plus, jusque dans ces dernières
années, quand les fumiers des casernes étaient
encore à bon compte, on en a acheté pour plus de
15,000 fr.; les boues des rues de ville ont été appliquées en grande quantité : on a égalisé par des
transports de terre bien entendus, toutes les veines
de terre d'un même champ, en améliorant les
mauvaises ; enfin, dans les rations des animaux, il
entre une forte proportion de tourteau, l'élément
améliorateur des fumiers par excellence.

Mais si, à toutes ces causes de succès, on ajoute
que les vaches sont d'un excellent choix, très-
laitières et très-bien tenues, que le troupeau
est de race mérinos améliorée, dont les souches ont
été prises chez MM. Rousseau, de Jessaint, Chopin,
Conseil, à Rambouillet, à Gevrolles et à Châtillon :
que tout cela a parfaitement réussi, que des essais
de Dishley tentés depuis quatre ans marchent dans
la même voie : on conclura avec nous que M. Du-

guet mérite sa grande réputation et qu'il est un des concurrents les plus sérieux pour la prime, d'autant plus que ses bénéfices sont importants et nullement douteux.

Malheureusement, devant les titres considérables d'autres concurrents, il est des conditions de situation indépendantes de sa volonté, qui doivent l'en écarter.

En effet, pour avoir la prime, il ne faut pas seulement être un agriculteur modèle, il faut encore avoir une exploitation modèle, que chacun puisse visiter; et si M. Duguet remplit complétement la première condition, il ne remplit pas aussi bien la seconde : car son exploitation est incroyablement morcelée et éparpillée tout autour de la ville, parfois à des distances de 4 kilomètres. Ensuite, comme maître de poste, il est obligé de rester au centre de Châlons, et là il ne peut pas étendre ses bâtiments et les disposer comme il le faudrait, ses bergeries mêmes sont à part et éloignées des étables et des écuries. Enfin, comme maître de poste, comme habitant une grande ville, il a eu et il a même encore des ressources, qui font défaut aux agriculteurs éloignés et dont on doit leur tenir compte.

Mais, quoi qu'il en soit, quoique la prime échappe à M. Duguet, quoique le règlement nous interdise de vous proposer pour lui, comme nous l'aurions voulu, une médaille spéciale, parce qu'il n'a pas de spécialité bien tranchée, il n'en restera pas moins pour le jury, pour les commissaires et pour

tous ceux qui savent l'agriculture et ont pu visiter
son exploitation, un agriculteur de très-haut mérite, habile administrateur, ayant du coup d'œil,
aimant et entendant le véritable progrès, et un de
ceux qui y ont le plus largement concouru en
Champagne. Aussi est-ce avec la plus vive sympathie, que la commission a appris, que M. le préfet
de la Marne avait appelé sur lui la haute bienveillance de Sa Majesté l'Empereur : et nous souhaitons ardemment, que le jury veuille bien émettre
un vœu dans le même sens.

XXIII

M. PAILLARD

En se rendant de Châlons-sur-Marne à Sainte-Menehould, on rencontre, à peu près à mi-chemin et sur le bord de la route, une ferme isolée, qu'on nomme la poste de Sommevesle. C'était autrefois un beau relais comptant 50 bons chevaux; aujourd'hui, avec les chemins de fer, 6 chevaux au plus, affectés au service de quelque petite messagerie, lui en conservent seuls le nom et l'apparence.

C'est M. Paillard, le titulaire actuel, qui eut à subir le désastre. Heureusement, M. Paillard est un homme énergique, bon administrateur et de prévoyance. Sitôt, en effet, qu'il vit venir l'orage, il tourna ses regards ailleurs; et ce fut vers l'agriculture.

Un domaine de 200 hectares entoure la poste de Sommevesle et en dépend depuis un temps immémorial; mais la poste empêchait de penser au domaine, qui n'était presque, qu'un prétexte à

débarras de fumier. De quelle importance pouvaient être, en effet, 200 hectares de pauvres terrains blancs, gris ou rouges, ainsi désignés suivant la couleur de la craie qui les a engendrés,
contre un riche relais de 50 vigoureux chevaux,
toujours haletants?

Vous pourrez, du reste, juger, par ce détail, de
l'état de négligence dans lequel restaient ces 200
malheureux hectares : pendant, en effet, que les
50 chevaux perdaient le plus précieux de leur
fumier sur les routes, 15 pauvres vaches, de moins
de 135 francs pièce, et 200 chétifs moutons com-
plétaient l'inventaire du bétail. Quant aux récoltes,
elles étaient insuffisantes pour fournir la poste des
fourrages, des pailles et des grains nécessaires; il
fallait aller en acheter au marché.

Tel est, messieurs, le point de départ des entreprises agricoles de M. Paillard : vous le voyez, il
n'est pas brillant! mais, aujourd'hui, tout est
changé.

Des bâtiments, grands et vastes, entourent une
large cour carrée, en face de l'entrée de laquelle
est la maison d'habitation; derrière cette maison
est un beau jardin bien dessiné, bien planté et fertile.

Les deux tiers de ces bâtiments au moins ont été
refaits à neuf, et si on veut se faire une idée de
leurs dimensions, nous dirons qu'un seul de ceux
qui bordent un côté de la cour a 56 mètres de long,
sur 22 de large et 9,66 au faîtage. Cependant, en
dehors du groupe principal, il est encore des con-

structions très-importantes. Quant aux dispositions, elles sont si excellentes sous tous les rapports, que la Société d'agriculture de la Marne, à
la suite d'une visite qui a donné lieu à un très-long
rapport descriptif, a décerné, à l'occasion de ces
constructions, une de ses principales récompenses
à M. Paillard.

Comme nous avons eu l'honneur de vous le dire
déjà, le domaine primitif était de 200 hectares;
mais, depuis, M. Paillard l'a augmenté d'un bois
de pins de 145 hectares, formant presque en
clave dans sa propriété primitive. Indépendamment
de la convenance, ce bois a encore étendu le parcours d'une façon fort avantageuse. Quant aux
terres, nous les avons trouvées ensemencées de la
manière suivante :

Froment sur trèfle..................	17 hect.
Seigle avec petites lentilles.........	58
Orge.............................	16
Avoine...........................	32
Total des céréales.........	123
Prairies artificielles..............	30
Sarrasin pour fourrage............	8
Graines fourragères..............	3
Racines, dont deux tiers en bette-raves......................	5
Total des plantes destinées aux bestiaux......................	46
Jachères	31

On remarquera peut-être : 1° la grande proportion des céréales par rapport aux fourragères ; 2° la prédominance du seigle sur le froment ; 3° les 31 hectares de jachère.

Cependant nous ferons observer qu'à Somme-vesle, comme dans presque toute la Champagne, le seigle doit être plutôt considéré comme un four-rage, que comme un produit d'exportation directe, parce que d'une part on sème avec lui de petites lentilles, qui enrichissent le pied de la gerbe, que, de l'autre, on le récolte un peu vert et qu'on ne bat que légèrement la pointe des gerbes, en sorte que la paille obtenue ainsi, constitue un excellent aliment pour le mouton surtout ; par conséquent, au point de vue des animaux, les 58 hectares de seigle ne doivent pas être considérés comme des céréales pures. Mais, sous le rapport de l'assolement, nous ne pouvons pas dissimuler, que cette proportion de 61 p. 100 de céréales ne nous ai paru écrasante.

Cependant, sauf l'orge, qui avait eu froid, comme presque partout, le reste était très-beau, et par son apparence ne condamnait pas le système adopté : système singulier pour tout autre terrain, mais que la pratique a consacré dans les parties les plus pauvres de la Champagne ; fait anormal si l'on veut, mais qui démontre bien l'influence fa-vorable des fumiers pailleux dans les terrains crayeux : puisque parfois il est préférable de les écraser de céréales pour leur fournir de la paille, plutôt que d'étendre davantage les cultures amélio-rantes, qu'ils peuvent cependant porter, mais qui les priveraient de paille; il est certes peu de sujet d'études agricoles plus intéressant que celui-ci; aussi nous demandons la permission d'y revenir un peu plus loin à propos des fumiers de M. Chemery.

Quant à la suprématie du seigle sur le froment, elle s'explique par le fait du fréquent retour des céréales et la nature du sol qui, étant profond et par suite trop pauvre, comme il arrive souvent en Champagne, ne peut renouveler ses phosphates.

Les artificielles étaient généralement très-bonnes, mais il y avait surtout des luzernes remarquables dans les pièces rapprochées de la ferme et fumées de longue main; les betteraves étaient passables pour l'année, et le terrain.

Quant aux 31 hectares de jachère, que nous avons signalés, nous demandons pardon au jury de ce que nous allons dire, mais l'état de toutes les récoltes en démontrait bien l'importance, et, quoique M. Paillard s'en excuse en l'appelant la *stérile jachère*, si la jachère n'était pas si mal portée, nous oserions peut-être, dans le cas spécial du domaine de Sommevesle, dire la *riche jachère*. Pourquoi donc, en effet, condamner ainsi systématiquement la jachère? Il n'est pas un de vos commissaires qui la pratique; ils ne parlent donc pas pour eux; mais n'est-il pas des circonstances où la jachère est bonne? et particulièrement quand la terre représente un faible capital, qu'elle est d'une culture facile et surtout, quand avec la jachère on obtient de beaux résultats comme à Sommevesle. C'est donc un préjugé trop répandu, que cette

habitude de tonner, envers et quand même, contre
la jachère, et il est des candidats, nous pouvons le
certifier au jury, qui feraient bien mieux de la pra-
tiquer, que d'en rougir; car, sous prétexte de progrès, ils auraient présenté au concours des récoltes
moins ridicules!

Mais ce qui à Sommevesle vaut encore mieux
que les récoltes, c'est le bétail. Ce n'est pas qu'il
soit nombreux, non! mais il est admirable et merveilleusement tenu; il n'y a pas jusqu'aux poules,
qui ne rivalisent avec le reste.

Les chevaux sont au nombre de.			12
Les vaches, taureaux et génisses, de.			30
Les moutons de	mères.	175	
	agneaux	150	465
	antenais et antenaises.	140	

représentant bien, à cause de la grosseur des
vaches, 45 tonnes de poids vif.

Le chiffre n'est pas très-élevé, direz-vous, pour
200 hectares et avec un beau parcours de 145 hectares de bois, plus une vaste étendue sur les voisins. Le fait est vrai ; mais quand on compte le
bétail à l'hectare, il faut aussi compter comment
il est nourri, car la dose de fumier ne dépend pas
seulement du bétail, mais surtout de la masse d'a-
liments qu'il consomme.

Pour que le jury se fasse une idée de ce qui se
passe sous ce rapport à Sommevesle, nous dirons
qu'il n'est pas une vache, qui ne puisse sortir de
l'écurie et figurer aussitôt et honorablement sur

l'étal d'un boucher, et que les moutons ont, à tort
ou à raison, la réputation de dépérir partout ailleurs. *Ils sont trop fortement nourris*, disent les autres
cultivateurs.

Les vaches sont des laitières très-belles, mais
sans choix de race; c'est à faire des veaux gras
qu'on les emploie : de plus, le fumier de vache pa-
raissant convenir mieux à la nature du terrain, que
tout autre, c'est pour cela que M. Paillard tient une
si grande quantité de bêtes bovines.

Quant au troupeau, il présente un exemple remarquable de l'influence des soins : au début, il
était maigre, chétif, aux pattes dénudées, à la tête
stérile, à la toison mousseuse, claire, peu tassée,
à mèche aigue, cassante et sans force ; mais une
nourriture plus abondante ne tarda pas à lui rendre
plus de corps et plus de graisse, à restituer à la
toison sa régularité et son épaisseur, à la mèche sa
force et son luisant, tout en maintenant à l'espèce
son énergie. Cependant, en même temps que
M. Paillard poursuivait ainsi l'amélioration de
l'espèce locale, il la croisait aussi avec des animaux de choix ; il commença d'abord avec des
métis-mérinos, puis il en vint aux mérinos, et il
finit par des béliers d'élite. C'est en y mettant ce
discernement qu'il obtint une race qui, aujour-
d'hui, commence à être recherchée par un grand
nombre de cultivateurs du département, qui chaque année, demandent en moyenne à M. Paillard
40 béliers de choix, au prix de 150 fr. environ à
l'âge d'un an.

On conçoit qu'un bétail tenu avec ce luxe, donne beaucoup plus de fumier, que dans les conditions ordinaires, et que le poids du bétail devienne un élément insuffisant pour apprécier la quantité de fumier dans de telles conditions. Il vaut donc mieux consulter les ressources en pailles et en fourrages, c'est ce que nous avons fait, et nous avons vu que, sans être excessives, elles sont encore très-importantes; de plus, M. Paillard ne nous a pas paru dédaigner le guano pour aider au fumier.

Quant à la comptabilité, elle devrait exister chez un maître de poste; mais à Sommevesle on se contente de marquer la dépense et la recette, et c'est tout. Cependant, M. Paillard affirme, dans son mémoire, qu'il a débuté, en 1849, par 3,560 fr. de bénéfices, pour monter à 9,240 en 1857, et faire 8,123 en 1859. Mais, dans ce chiffre, il ne compte pas le fermage. D'autre part, son étable, qui ne valait que 1,900 fr. en 1849, vaudrait 9,750 fr. aujourd'hui. Son troupeau, qui ne dépassait pas 6,200 fr. en 1849, en valait 18,500 en 1859. En sorte que le bétail seul aurait gagné 20,000 fr., ce qui porterait le revenu du propriétaire exploitant à 10,000 fr., sans compter la plus-value des terres, qui suivrait à peu près ce rapport.

La Commission ne peut rien dire sur les débuts, mais, quoiqu'elle se fût attendue à des comptes plus rigoureux, elle pense que les chiffres, que nous venons de donner, n'ont rien de forcé.

Tels sont, messieurs, les titres de M. Paillard. Certainement ils sont à tous égards de l'ordre de ceux qui peuvent aspirer à la prime ; car son exploitation peut être offerte en exemple ; mais il est d'autres concurrents, qui ont eu à vaincre des difficultés bien plus grandes, qui ont fait des innovations très-heureuses, tandis que M. Paillard n'a eu pour ainsi dire qu'à suivre une voie, qui avait été déjà tracée par d'autres.

Mais si, devant des titres plus considérables, M. Paillard échoue pour la prime, il est un fait spécial, qui doit être hautement signalé à l'attention des cultivateurs, c'est l'excellente tenue de son bétail. En cela, il donne un très-bon exemple ; il apprend aux cultivateurs qu'avant d'avoir beaucoup de bétail, il faut avoir de bon bétail.

En conséquence, la Commission propose au jury de voter, pour ce fait spécial, une médaille d'or à M. Paillard.

XXIV

M. BERNAUDAT

Peu de candidats éveillent autant de sympathies que M. Bernaudat : c'est un fils de fermier et fermier lui-même. D'une intelligence rare, d'une érudition étendue, doué du sens le plus délicat, et d'un esprit élevé, il a à lutter contre l'inertie volontaire ou l'impuissance de son propriétaire, contre des terrains mauvais par nature et d'une culture pénible, contre des herbages insalubres et une atmosphère fiévreuse et empoisonnée par les miasmes fétides et dangereux des étangs, qui environnent son exploitation.

C'est aux Machelignots qu'est située sa ferme ; elle dépend de la commune de Giffaumont, dans l'arrondissement de Vitry-le-François, et est éloignée des marchés ; ceux de Vitry-le-François et de Saint-Dizier à 24 kilomètres, de Montier-en-Der à 16, sont les plus rapprochés. Il y a peu de temps encore, pendant 3 kilomètres, il n'existait pas de chemin carrossable, pour se rendre à l'exploitation ; c'est lui qui l'a créé à ses frais, avec des matériaux qu'il est allé prendre à une lieue plus loin. Quoique ce chemin soit public, on ne lui a pas même fait remise de ses prestations, en compensation de son travail !

Les bâtiments étaient déplorables : il les a amé-liorés, réparés, et en a même construit de nouveaux. L'eau était rare et insalubre : il a créé des citernes que les toits alimentent. Les terres sont goutteuses, et en drainant 2 hectares à ses frais, il a prouvé à son propriétaire l'efficacité de cette opé-ration ; mais celui-ci s'est refusé malgré des offres avantageuses à continuer. Pense-t-il que M. Bernaudat drainera à son compte ? Ce serait du chantage légal ; mais ce pourrait bien être !

Cependant, M. Bernaudat ne se décourage pas, il est philosophe ! Il voit tout, il en sourit ; et il continue dans toutes les directions où il croit pouvoir s'en tirer.

Devant cette position, Messieurs, et devant tous ces efforts, on a le cœur serré, et volontiers on voudrait pouvoir briser le bail de M. Bernaudat et l'emmener avec soi, pour en faire son fermier ! Certainement, tout en lui laissant une belle et légitime part, on devrait encore y gagner !

Les Machelignots comptent :

Terres arables..............	100 hectares.
Prairies naturelles........	16
Verger, vigne et emplacement des bâtiments......	1
Bois....................	3
Total...	120 hectares.

C'est au milieu du gault ou sable vert qu'ils sont situés. Cette désignation géologique vous dit assez que c'est la patrie du genêt, du jonc, de la cachexie, des étangs et de la fièvre. Pauvre pays au point de vue agricole! plus pauvre encore au point de vue sanitaire! Que le laboureur enrichisse le sol, c'est son devoir! Mais aussi que le gouvernement le purifie, c'est sa mission! Pourquoi n'agit-il donc pas avec plus de vigueur? Pourquoi ne fait-il donc pas modifier cette loi des étangs, autrefois draconienne, aujourd'hui impuissante? Craint-il les oppositions de quelques propriétaires égoïstes et avares? C'est à vous, messieurs, les représentants les plus éminents de l'agriculture, en qui il a placé sa confiance, de le rassurer et de le soutenir dans cette œuvre hardie! Dites-lui que partout où il y a des étangs, la population est sans force, sans vertu, sans intelligence, sans vie et sans courage! Que ceux qui les possèdent touchent des revenus en partie illicites; car, depuis soixante-dix ans, que la loi a prononcé contre les étangs insalubres, ils ont changé de mains, et ceux qui en sont propriétaires aujourd'hui, ne les ayant acquis que sous le coup d'une menace de suppression, les ont payés en conséquence, et n'en jouissent que par tolérance. Dès lors, fort de votre appui, le gouvernement réagira avec vigueur, contre un état de choses qui, à notre époque, est de la barbarie, non-seulement au point de vue humanitaire, mais encore au point de vue agricole.

Ne vous étonnez pas, messieurs, de ce langage!

7

car si, en apparence, notre mission se borne au programme écrit qui, nous sert de code, en réalité,
elle s'étend aussi sur toutes les questions, qui intéressent l'agriculture, et le bien-être de ceux qui s'y
livrent. C'est pour cela surtout que nous nous
honorons tous d'avoir à la remplir. D'ailleurs, au
point de vue spécial du concurrent si distingué, que
nous étudions ici, vous deviez être informés, que les
fièvres paludéennes, dont lui et les siens sont
chaque année victimes, l'entravent singulièrement
dans ses opérations. C'est donc une donnée importante, dont vous aviez besoin pour porter sur lui
un jugement éclairé, et sur laquelle, par conséquent, nous devions insister.

Les terrains du gault sont généralement de
deux natures : silico-argileux sur les sommets,
ils deviennent légèrement argilo-calcaires sur les
rampes, mais ils restent toujours compactes, imperméables et peu aérés : c'est toujours le calcaire,
qui leur fait défaut ; cependant on y rencontre
parfois des bancs ou plutôt des poches d'argiles
calcaires non encore décomposées et qui contiennent jusqu'à 40 p. 100 de carbonate de chaux. Dans
ce cas, la meilleure opération qu'on puisse faire,
c'est de marner la surface avec des produits de
cette espèce ; seulement, pour un agriculteur, qui
n'est pas versé dans la chimie, la difficulté est de
les reconnaître ; or, bien que n'étant pas chimiste,
M. Bernaudat a eu d'abord la chance de rencontrer des marnes de cette nature, ensuite la
finesse de les voir, et enfin le bon sens de les ap-
pliquer.

La manière dont il fit cette découverte mérite d'être racontée : Son prédécesseur, qui était le propriétaire d'alors, car il est décédé depuis, avait creusé un puits, dont il avait fait jeter les déblais dans un champ voisin, qu'il avait sacrifié pour cela. En arrivant, M. Bernaudat remarqua que ce champ, chose assez singulière, valait bien mieux que ceux qui l'entouraient ; les terres d'ailleurs de l'un et celles des autres ne se ressemblaient pas ; dès lors, il conclut que la terre du puits était meilleure que celle de la surface, et il eut l'idée de la faire analyser. Par quelle voie détournée l'échantillon parvint-il à l'École des mines ? Nous ne le savons. Mais tant est qu'il y parvint, et la réponse fut, que cette terre contenait beaucoup de calcaire. Ceci éveilla plus fortement l'attention du concurrent, et aussitôt il fit des fouilles et découvrit des bancs ou des poches d'argile marneuse de la nature de celles dont nous avons parlé ; elles contiennent 40 à 60 p. 100 de calcaire ; elles lui coûtent un franc par mètre cube d'extraction, et le transport se fait à temps perdu ; enfin, il en met 60 mètres cubes à l'hectare.

Telle est une des principales ressources des Machelignots pour marcher au progrès ; elle est tout entière due à la perspicacité et à l'initiative du concurrent.

Après cela, le jury comprendra comment M. Bernaudat obtient des artificielles, et d'autres légumineuses pour fourrages verts, dans les terrains du gault; mais il est allé plus loin, car il a obtenu des luzernes. C'est en étudiant son sol avec plus de soin encore qu'il y est parvenu; il a en effet remarqué certains champs en coteau où la marne affleurait presque la surface; dès lors il a pensé que, si les racines de luzerne pouvaient percer la croûte argileuse de la superficie et pénétrer dans la masse calcaire, l'existence de la luzernière serait assurée pour longtemps.

La difficulté était donc de donner, au début, assez de force à la plante, pour qu'elle pût pivoter jusqu'à la marne. Qu'y avait-il à faire? Défoncer le terrain d'abord, le marner ensuite, le fumer fortement, le cultiver quelque temps en plantes sarclées et plus ou moins pivotantes, telles que le colza, la betterave, même les fèves, afin de l'ameublir de le nettoyer et de l'oxyder, enfin le semer en luzerne. C'est ce qui a été fait et a réussi. Nécessairement, pour tout cela, on l'a traité de fou dans le voisinage; mais, en agriculture, ce détail est de droit d'usage.

Maintenant, où en sont les Machelignots, ces améliorations déjà considérables?

L'assolement adopté est de quatre ans et des plus remarquables.

1re année. — Fourrages verts (pois, vesces, jarosses) 12
— Betteraves, pommes de terre, carottes, féveroles. 12 } 24
2e année.— Blé........................ 24

A reporter.... 48

| | Report............... | 48 | |

3ᵉ année.—Sur argilo-siliceux : mélange de trèfle et ray-grass............	12	
— Sur argilo-calcaire : mélange de trèfle, sainfoin, luzerne.......		
— Sur argilo-siliceux : mélange de trèfle blanc et ray-grass........		24
— Sur argilo-calcaire : mélange de vesces, lentilles, minettes.....	12	
4ᵉ année.— Seigle.................	8	
— Avoine...............	8	
— Orge..................	4	24
— Colza...............	4	
Hors d'assolement. Luzerne.............		4

Total des terres arables..... 100

Nous attirerons d'abord l'attention du jury sur ce soin minutieux qu'a M. Bernaudat de tenir un grand compte de l'état géologique du sol, pour ne lui demander, que des récoltes en rapport avec sa nature, et nous ajouterons qu'il a poussé cette pratique si loin que, pour en faciliter l'exécution, il a été jusqu'à changer de direction les chemins de desserte de son exploitation afin de les faire toujours passer entre des terrains de composition chimique différente, en sorte que ce sont les chemins qui séparent les pièces silico-argileuses, des argilo-siliceuses ou des argilo-calcaires. C'est là une opération habile, qui dénote beaucoup d'ordre chez le concurrent et un sentiment infiniment délicat des choses agricoles. — Son exemple devrait être plus imité ; mais, nous le reconnaissons, il faudrait être très-exercé déjà pour pouvoir le suivre.

On remarquera ensuite que dans son assolement la jachère est tout à fait supprimée, et que les fourragères de toutes sortes figurent pour 44 hectares sur les 96 en culture. Ce sont :

1° Les fourrages verts de première année......................... 12 hect.

2° Betteraves, pommes de terre, carottes........................... 8

3° Les fourrages fauchables et pâturables, qui occupent toute la troisième année......................... 24

Total...... 44 hect.

Et si on y ajoute les 4 hectares de luzerne, qui sont hors d'assolement, on trouve que les fourrages artificiels et racines de toutes sortes montent à 48 p. 100 de la surface arable. On voit ensuite que les plantes nettoyantes entrent pour 28 hectares sur les 96, qui sont en culture. Ce sont :

1° Les fourrages verts récoltés de bonne heure et fortement scarifiés.............. 12 hect.

2° Les plantes sarclées de la première année......................... 12

3° Le colza de la quatrième année... 4

Total...... 28 hect.

Enfin les céréales de toutes sortes figurent pour 44 hectares.

C'est donc un assolement des plus nettoyants et des plus améliorants, pour un pays où la main-d'œuvre est plus rare qu'ailleurs à cause des fièvres, qui font fuir beaucoup de monde, et pour des terrains sur lesquels la jachère a peu d'action, et où elle est d'ailleurs très-coûteuse. Nous donnons à cet assolement une supériorité réelle sur celui de M. Chemery, que nous avons cependant l'honneur de vous proposer pour la prime, et dont nous vous parlerons plus tard.

Quant au fumier, il est répandu à raison de 25,000 kilog. par hectare en première année, ce qui fait 6,250 kilog. par hectare et par an.

Au premier aperçu, ce chiffre n'est pas élevé ; mais, à la manière dont on fabrique le fumier aux Machelignots, il l'est réellement bien davantage qu'il ne le paraît, parce que c'est un fumier très-riche ; pour qu'il soit tel, et qu'il ne soit pas trop consommé pourtant, voici comment on s'y prend : Au milieu de la cour, légèrement en cuvette, est une très-vaste place à fumier, sur laquelle on fait successivement, et à côté les des uns autres, plusieurs tas de fumiers, qui ne sont séparés que par une voie de roulage à voiture. Le premier tas étant fait, et il faut deux mois à peu près pour cela, on passe au second, puis au troisième, et ainsi de suite, et l'on tâche de s'arranger pour ne jamais laisser passer le cinquième mois, sans mener le premier tas aux champs et sans toutefois l'attaquer

avant la fin du troisième. Cependant la cour étant
bien damée et son sol étant imperméable, on rejette
sur les divers tas, quand ils sont achevés, toutes
les eaux d'égout, qui proviennent de cette même
cour, des fumiers eux-mêmes et des écuries. Inutile
de dire que, chez un homme aussi soigneux, il y a
des fosses à purin pour recueillir au besoin l'excédant des eaux d'égout. Si à toutes ces précautions,
on ajoute qu'on économise la paille de litière, on
se fera aisément une idée de la richesse d'un fumier préparé ainsi, et on acceptera facilement
pour 7,500 kilos les 6,250, que M. Bernaudat ré-
pand chaque année par hectare.

Mais deux objections vont sans doute être faites :
la première portera sur la déperdition d'ammoniaque, que semblent devoir subir des fumiers prépa-
rés ainsi : cette déperdition, à cause du tassement,
et des arrosages fréquents, est peut-être moins
sérieuse, qu'on ne le croit généralement ; des expériences directes et la théorie aujourd'hui connue
de la formation des fumiers, semblent d'ailleurs
le démontrer. Cependant nous aurions désiré voir
M. Bernaudat marner ses fumier, suivant le procédé de M. Brame, de Tours; il n'aurait guère eu
plus de main-d'œuvre et de transport et se serait
ainsi mis à l'abri de toute perte et de toute criti-
que. Ce procédé de M. Brame devrait être, à
notre avis, généralisé dans toutes les fermes, dont
les terrains demandent du calcaire.

On demandera, probablement, pourquoi M. Bernaudat recherche ainsi le fumier consommé. Nous

répondrons qu'en égard à la nature peu perméable
de ses terres, rien ne nous paraît mieux convenir,
quand il les a marnées et que cette opération, révèle encore chez le concurrent une grande sûreté
de coup d'œil et une grande décision. Mais nous
prions le jury de nous permettre de remettre encore la discussion sur ce sujet au moment où nous
nous occuperons des fumiers de l'exploitation de
M. Chemery.

Le guano a été employé aux Machelignots un
an et trois ans après la fumure et ne s'est pas payé :
C'est tout simple : pour que les engrais rapides et
très riches en azote comme le guano et le tourteau, réussissent, il faut que la terre soit très-chargée
de matière humique, et c'est ce qui n'existe pas encore chez M. Bernaudat ; mais d'ici à quelques années il en sera autrement. Nous verrons, à l'occasion de M. Ponsard, un fait inverse, mais du même
genre, qui s'est produit avec le tourteau.

Quant aux prairies naturelles, elles sont, comme
nous l'avons dit au commencement, d'une mauvaise nature et peu abondantes ; leur herbe est fine,
longue, molle, et peu nourrissante. Cependant
M. Bernaudat les a très-bien assainies, et de plus
irriguées avec les eaux d'égout de ses terres ; par
là elles ont été évidemment et très-sensiblement
améliorées, mais sont toujours restées très-faibles.

Maintenant, quel était l'état de toutes ces récoltes ? Il y avait de l'inégalité ; ce qui prouve, que le
terrain n'est pas encore fait ; mais les premiers
champs améliorés contrastaient d'une manière

très-avantageuse et très-tranchée avec ceux qui ne l'étaient pas encore, et la Commission y a remarqué avec plaisir quelques très beaux blés, des seigles, des pois gris et des vesces, qui ne laissaient rien à désirer.

Quant au bétail, il consiste habituellement en :

Chevaux, juments et poulains. . .   15

Vaches, taureaux et élèves.   40

Moutons d'engrais. . . . . 400 à 500

c'est-à-dire 34 à 38 tonnes de poids vif à l'hectare, donnant 750 à 800 tonnes de fumier normal par an, ce qui correspond aux nombres que nous donnions tout à l'heure.

Quant à ce bétail, il est assez bon, sans avoir rien de bien marquant.

C'est de la race bovine qu'avec raison M. Bernaudat se préoccupe le plus, dans son mauvais pays; il espère en outre arriver à se remonter lui-même en chevaux, et il fera bien encore. Quant aux moutons, la cachexie les détruit si rapidement, qu'il n'y a à y songer, que pour l'engraissement.

Vous le voyez, messieurs, peu de concurrents ont fait plus d'efforts que celui-ci, et d'efforts dans une meilleure direction; cependant il n'y a que huit ans que M. Bernaudat est aux Machelignots; heureusement pour lui, il a encore treize ans de bail devant lui, car, sans cela, au lieu de le louer, nous le condamnerions pour avoir trop fait. Mais nous le louons sans réserve, et certainement il serait un des candidats des plus sérieux, très-probablement même le plus sérieux, si le concours, au lieu

d'avoir lieu cette année, avait été retardé de quatre
ou cinq ans encore. Malheureusement, les résultats sans être, mauvais, ne sont pas transcendants;
tout l'avoir de M. Bernaudat a été engagé dans ces
grandes améliorations et n'est pas encore ressorti ;
mais qu'il ne se décourage pas, qu'il tâche surtout
de faire supprimer les étangs, qui détruisent sa
santé, celle de sa famille et de ses gens; qu'il continue ! et dans sept ans, au retour de la prime, il
pourra bien l'enlever, sans même beaucoup de difficulté : car il est, messieurs, peu d'agriculteurs
praticiens ou théoriciens à sa hauteur.

Mais, si la Commission ne soutient pas M. Bernaudat pour la prime d'honneur, elle priera le
jury de se rappeler, qu'elle l'a désigné comme
ayant, de la manière la plus élégante, découvert
des carrières de marne : marne qu'il a appliquée
avec tant de bonheur, qu'aujourd'hui il a de belles
artificielles et des luzernes, qui jusque-là étaient
impossibles dans son pays ; et dès lors nous demanderons une médaille d'or pour ce fait spécial.

XXV

M. DUCHATEAU

Pour exposer les titres de M. Duchâteau, il faudrait pour ainsi dire raconter dix ans de la vie d'un homme habile à comparer et à déduire, ayant une foi profonde dans les données de la science, d'une imagination féconde, d'un esprit ardent, d'un courage qui touche à la témérité, d'une persévérance qu'aucun désastre plutôt qu'aucun fléau ne saurait arrêter.

M. Duchâteau est originaire du département du Nord, et, comme tous les Flamands, il aime l'agriculture à la passion, il l'aime plus que le droit lui-même, puisque, bien posé déjà au barreau de Valenciennes, il a quitté la toge pour prendre la charrue. Ce n'est pas à nous de lui en vouloir, messieurs! bien au contraire, souhaitons ardemment que beaucoup suivent son exemple, la société ne perdrait rien à cet échange!

C'est vers 1851 ou 1852 qu'il prit cette éner-

gique détermination , et qu'il vint, moyennant
230,000 fr., s'embourber dans les tourbes du domaine des Marais, sur les bords de la Vesle, à
6 kilomètres de Reims, ne songeant à rien moins
qu'à y importer la riche agriculture de son riche
pays. Aujourd'hui il ne nierait peut-être pas que
c'était un peu bien téméraire : heureusement il
était néophyte! Un vieux du métier s'y fût brisé
cent fois! Il eût manqué de hardiesse, de courage,
peut-être de ressources! Pour lui, la prudence eût
été une entrave et la science un fardeau! Rien de
tout cela ne gênait alors beaucoup M. Duchâteau!
aussi, ne sachant pas, il inventa, on peut presque
dire, eu égard au terrain, une agriculture nouvelle, car ce n'est ni celle du Nord, ni celle de la
Champagne, ni celle d'un autre pays, et c'est de la
très-bonne agriculture. Encore quelque temps, que
comme nous en avons la confiance, les succès continuent, et certainement il fera école !

Le domaine des Marais compte 230 hectares,
répartis en :

Terres labourables.	114 hect.
Prés , marais.	50
Bois.	20
Tourbières, étangs, bâtiments et chemins.	46
Total.	230 hect.

Les terres arables sont assises sur trois espèces
de terrains différents. 40 hectares sont d'anciens
prés-marais assainis, améliorés et mis en culture.
Les 74 autres sont en majeure partie sur la craie
et en très-minime sur une alluvion ancienne de

grève calcaire mélangée d'un sédiment silico-argileux très-compacte et très-froid. Les 50 hectares de prés-marais, qui restent encore, ont été assainis en même temps que les terres tourbeuses et les tourbières, à l'aide de vastes fossés, qui conduisent toutes les eaux à l'aval d'un moulin voisin. Ces fossés, à la manière de ceux des marais de Saint-Omer, peuvent porter des batelets, à l'aide desquels on dessert les prés, les tourbières et des extractions d'un limon qu'on emploie pour engrais et dont nous parlerons plus tard. Un canal, qui a été prolongé, permet d'amener en bateau tous ces produits à la ferme ou mieux à la fabrique : les matériaux sortis de ces fossés ont servi à remblayer les parties les plus basses des 40 hectares de prés-marais mis en culture.

Ce sont là, messieurs, de très-beaux travaux, qui, s'ils n'ont pas été commencés par M. Duchâteau, ont été compris par lui d'une tout autre manière; avant lui on avait seulement fait quelques fossés étroits pour égoutter un peu; c'est lui qui a créé ces petits canaux, véritables voies navigables agricoles; qui en a tiré des quantités considérables de matériaux pour exhausser son sol; qui a abaissé le plan d'eau, en les mettant en communication avec le bief inférieur d'un moulin, pendant que jusque-là ils déversaient leurs eaux dans le bief supérieur. Avant d'aller plus loin, nous aurons, messieurs, l'honneur de vous faire remarquer qu'il y aurait déjà lieu d'accorder, pour cette belle opération une médaille d'or spéciale à M. Duchâteau.

Mais continuons : Les bâtiments sont vastes, mais

très-étroits, ce qui en rend le service et la surveillance difficiles : M. Duchâteau s'en plaint lui-
même, mais la faute ne lui en revient pas, il les a
trouvés construits, et ils sont trop bons pour qu'on
puisse songer à les reconstruire. Les places à fumier sont bien disposées, à bonne portée des
écuries, et elles commandent toutes des fosses à
purin, qui, munies de pompes permettent soit
d'entonner le purin pour le conduire directement
aux champs, soit d'arroser les fumiers.

Passons maintenant aux cultures.

Quand, en 1852, M. Duchâteau acheta, moyennant 230,000 francs, le domaine des Marais, il y
existait déjà une sucrerie, qui tirait son combustible des tourbières de la propriété; tout cela était,
il est vrai, en très-mauvais état, mais cependant
de nature encore à tenter un habitant du Nord, et
ce détail important dut peser pour beaucoup dans
la détermination de M. Duchâteau.

Mais quand on a une sucrerie, il faut des betteraves ; et par conséquent toutes les opérations agricoles de l'exploitant se sont tournées vers ce but.
De là l'assolement, anormal pour des terrains relativement pauvres, dont voici le tableau.

Betteraves sur fumure pleine. . . . .   38 hect.
Froment.   38
Seigle.   16
Avoine.   9
Artificielles en partie arrosées avec   } 38
   du purin.   10
Fourrages verts et cultures diverses   4

                      Total. . . . . 114 hect:

Les artificielles sont un mélange de sainfoin, luzerne et trèfle : elles durent deux ans, et l'on en sème chaque année 5 hectares dans les blés; mais quand on les défriche on rentre dans l'assolement régulier par les betteraves. Nous ne vous donnons pas le tableau de la succession de ces cultures, ce serait fastidieux. Qu'il suffise au jury de savoir, que les artificielles ne reviennent ou ne reviendront, que tous les vingt-trois ans dans le même champ.

Ces récoltes peuvent être évaluées en moyenne à :

Betteraves	38 hectares à 35,0000 kil.		fait.	1,330,000 kil.
Froment	38	—	25 hectol. —	. . . .	950 hectol.
Seigle	16	—	25 — —	. . . .	400 —
Avoine	9	—	35 -- —	. . . .	315 —·

Prairies artificielles et fourrages verts supposés secs, 13 hectares à 7,000 kil. l'hectare. . . . . 9?,000 kil.

Prairies naturelles tourbeuses, 50 hectares, à 1,500 kil. l'hectare. . . . . 75,300 —

Ces prairies tourbeuses, comme le dit avec beaucoup de jugement M. Duchâteau, ne sont pas arrosées et devraient l'être pour rendre davantage; mais en les arrosant on noierait les tourbières, et son intérêt industriel est trop grand pour qu'il, puisse le sacrifier à un intérêt agricole plus minime. Il aurait même pu ajouter qu'en arrosant ses prairies tourbeuses, bien qu'il en eût augmenté la quantité d'herbe, il n'en eût pas amélioré la qualité, qui serait devenue plus détestable encore; par conséquent la Commission reste de son avis. Quant au froment, M. Duchâteau fait chaque année des essais très-curieux et très-bien ordonnés, afin de rechercher quelles sont les variétés, qui con-

viennent le mieux à ses terrains et à son genre
de culture : c'est ainsi qu'il a établi qu'entre deux
variétés de froment semées le même jour dans un
même terrain, la différence peut s'élever parfois
du simple au double, et de cette manière il est
arrivé à placer en première ligne le blé de taga-
rog, puis le prolific, ensuite le hickling. Nécessairement, avec un autre mode de culture et dans
d'autres conditions climatériques et géologiques,
les choses devraient changer; mais il reste un
principe incontestable, qui devrait trouver son
application dans toutes les grandes exploitations :
c'est qu'il faudrait toujours y avoir une école de
blés, où l'on comparerait sans cesse les espèces
entre elles.

Mais on conçoit ce qu'il faut de fumier dans des
terres très-médiocres pour soutenir un pareil assolement : M. Duchâteau n'en compte pas la
masse annuelle à moins de 3,800 tonnes. Où et comment se les procure-t-il donc? car les ressources
de la ferme n'y suffiraient pas ; à peine en effet si
elle pourrait en fournir 1,000 tonnes; il y a donc
à en trouver au dehors 2,800.

Avant de résoudre cette question, faisons le bi-
lan des animaux, de leur consommation et du
fumier normal qu'ils produisent. On compte à la
ferme des Marais :

<pre>
        Chevaux de travail............   10
        Bœufs de trait................   12
        Vaches à l'engrais............   80
                                        ────
                Total............ 102 têtes
de gros bétail.
</pre>

Les chevaux sont bons, mais sans qualités spéciales : ils pèsent environ 500 kilos.

Les bœufs sont d'assez forte taille : ils pèsent environ 650 kilos.

Les vaches sont des vaches usées ou qui ne peuvent faire de veaux; ce sont des animaux achetés dans toutes les foires, à cinquante lieues à la ronde ; elles sont généralement petites, car M. Duchâteau n'évalue leur poids moyen qu'à 400 kilos seulement.

En sorte que le poids total du bétail serait de 44,800 kilos; en nombres ronds, 45,000 kilos.

Dans le moment où la Commission a visité l'exploitation, la péripneumonie gangreneuse exerçait ses ravages pour la seconde fois en six ans ; on ne pouvait donc pas juger du régime et de l'état normal des animaux, dont la maigreur était effrayante.

Quant aux moutons et aux porcs, il n'y en a pas. On ne spécule pas non plus sur le lait d'une manière régulière, on se contente de traire les vaches qui en ont à l'occasion, et on le vend sous diverses formes ; il produit environ de 1,000 à 2,000 fr. par an.

A l'occasion de sa spéculation animale, M. Duchâteau fait remarquer qu'il a à consommer beaucoup de pulpes et pas mal de mauvais fourrages ; et comme la sucrerie complique déjà assez son affaire, il croit avec raison devoir simplifier la question du bétail et la réduire à l'engraissement.

D'ailleurs les pulpes à haute dose, comme il le
fait remarquer lui-même, ne conviennent pas pour
l'élevage et l'entretien d'un troupeau régulier.

Maintenant, que consomment ces animaux?
Voici le relevé du compte que donnent les rations :

<table>
<tr><td rowspan="5">80 vaches à l'engrais, du poids moyen de 400 kil. et du poids total de 32,000 kil.</td><td>584,000 k.</td><td>pulpes font. . . 233,000 k.</td><td rowspan="5">Équivalent foin.</td></tr>
<tr><td>87,600</td><td>paille. . . . . . 29,200</td></tr>
<tr><td>58,400</td><td>tourteau de colza 175,200</td></tr>
<tr><td>21,280</td><td>tourteau de lin. . 63,840</td></tr>
<tr><td></td><td>Total équivalent foin. . 501,</td></tr>
</table>

ou une consommation annuelle de 16 fois le poids
des animaux, en équivalent foin ; l'engraissement
dure 115 jours, avec une production moyenne de
735 grammes de viande par jour. C'est normal, car
on sait que les vaches sont plus rétives que les
bœufs à prendre la graisse. Cependant pourquoi
M. Duchâteau opère-t-il sur des vaches plutôt que
sur des bœufs? car il opère parfois aussi sur des
bœufs? Il a répondu judicieusement qu'en Champagne il n'y avait pas de bœufs, qu'on n'élevait pas
même de vaches, qu'on les achetait au contraire
toutes élevées, et que sitôt qu'elles ne valaient plus
rien, on avait avantage à les vendre maigres aux en-
graisseurs, plutôt que de les engraisser soi-même :
en sorte que, trouvant plus de facilité dans le re-
crutement, et des prix meilleurs, c'étaient là les
causes, qui lui faisaient préférer les vaches aux
bœufs. Mais passons :

<table>
<tr><td rowspan="5">10 chevaux au poids moyen de 500 kil. font 5,000 kil.</td><td>16,060 kil.</td><td>d'avoine font . . 32,120 kil.</td><td rowspan="5">Équivalent foin.</td></tr>
<tr><td>40,150</td><td>artificielles. . . . 50,190</td></tr>
<tr><td>5,475</td><td>paille . . . . . . 1,825</td></tr>
<tr><td>3,650</td><td>seigle. . . . . . 10,950</td></tr>
<tr><td></td><td>Total équivalent foin. . 15,085</td></tr>
</table>

12 bœufs de travail au poids moyen de 650 kil. font 7,800 kil.

51,000 kil. artificielles font.	63,750 kil.	
75,000 foin.	75,000	Équival. foin
19,710 paille.	6,600	
Total équivalent foin. .	145,350	

c'est-à-dire que les chevaux consommeraient 19 fois leur poids équivalent foin, et les bœufs de travail 18,6.

Ces rations paraîtront fortes ; mais si on tient compte de la mauvaise qualité du foin et même de l'infériorité des artificielles venues dans des terrains tourbeux ou dans des terrains francs, qu'on rend tourbeux par le genre de fumure qu'on y applique, et dont nous parlerons tout à l'heure ; si on ajoute à cela un travail excessif, on admettra que la ration normale de 12 fois le poids doit être dépassée, et que celle de 18 à 19 peut bien être atteinte.

Maintenant, outre les pailles de litière, dont nous avons, il est vrai, trouvé la ration bien courte, quand nous sommes allés aux Marais, quelle quantité de tous ces aliments la ferme fournit-elle ? Le calcul, en prenant pour base les données précédentes, démontre que, sauf 320 tonnes de pulpes et 79,680 k. de tourteau, représentant ensemble 367 tonnes équivalent foin, elle fournit la différence, qui est de 375 tonnes

Ainsi, en ramenant le poids des animaux à l'unité de ration, on trouverait que :

1° Les 45,000 kilos de bétail, sous le rapport de la nourriture qu'ils reçoivent, équivalent à 62,000 kilos de bétail nourri dans les conditions ordinaires ;

2° Que, sur ces 62,000 kilos, l'exploitation en
prend 31,500 à sa charge, et que les 30,500 autres
sont nourris avec des aliments (pulpes et tourteaux) venant du dehors ;

3° Que la quantité totale du fumier normal fa-
briqué à la ferme des Marais est de 1,855 tonnes ;

4° Que le poids de bétail vif par hectare arable
est de 550 kilos, et que le poids de fumier annuel
fourni par ce bétail est également, par hectare, de
16 tonnes 1 3.

C'est déjà un beau chiffre que 16 tonnes 1 3 de
fumier normal par an et par hectare, et bien des
gens se contenteraient à moins ! M. Duchâteau ne
s'en est pas contenté : il a essayé le tourteau, le
guano, le noir animal, le sulfate d'ammoniaque,
les débris d'équarrissage, etc. Mais il a renoncé à
tout cela, le guano et le tourteau exceptés ; nous
aurions fait pour le terrain des marais aussi bon
marché que lui des autres engrais et sans les essayer. Mais, bien mieux, il a renoncé aux vidanges,
malgré les admirables résultats agricoles, qu'il en
avait obtenus et dont il se loue hautement. « Je
« suis fabricant de sucre, dit-il, et les vidanges
« appauvrissaient mes betteraves et en rendaient
« le travail difficile. » M. Duchâteau n'est pas chimiste. Que, comme fabricant, il sache que les matières salines nuisent à l'extraction du sucre, ce
doit être ; mais il n'est pas obligé de savoir, que
les vidanges sont salées et qu'elles doivent, en conséquence, donner des betteraves salées : c'est donc

une observation très-fine et une conclusion très
hardie, d'avoir ainsi diagnostiqué l'influence des
vidanges sur la qualité des betteraves. Bien d'autres, séduits par la beauté des betteraves, s'y seraient laissé prendre, et, tout en continuant, auraient attribué le mal à une tout autre cause.

Ce n'est pas, du reste, le seul trait qui prouve
combien M. Duchâteau est fin et judicieux ; nous
l'avons déjà vu inventif ; voici un fait capital où il
montre à la fois toutes ces qualités.

Il est dans Reims un petit bras de rivière ;
qu'on abandonne aux laveurs de laine ; ils en usent
et en abusent, si bien qu'au sortir de la ville ce
n'est plus de l'eau qui coule, c'est presque de la boue
liquide. Mais la richesse de cette boue n'avait pas
échappé aux agriculteurs du voisinage ; aussi,
avant de laisser le petit bras regagner le bras principal, a-t-on fait épanouir ses eaux dans de vastes
dépotoirs où le limon se dépose pour être ensuite
extrait et livré aux cultivateurs, qui se le disputent
à l'envi. Cependant, en sortant des bassins, l'eau
n'est pas tellement décantée qu'elle arrive claire à
la rivière, et c'est là que la décantation s'achève.
Où s'arrête-t-elle ? Nous l'ignorons ; peut-être bien
que M. Duchâteau ne le sait pas non plus. Cependant une rivière roule sa vase. Or, M. Duchâteau
s'est demandé si des bancs de vase, qu'il avait re-
marqués le long de sa propriété, qui est à 5 kilomètres en aval des dépotoirs, ne contiendraient pas
du limon précieux accumulé là depuis des siècles ;
de plus, combien en contiendraient-ils ?

Un chimiste habile pouvait seul répondre ; il s'adressa à M. Pesier de Valenciennes, si compétent en bien des choses et particulièrement en celle-là. Or, l'analyse révéla que si, suivant notre illustre maître Boussingault, 1.000 kilos de fumier normal dosent 4,15 d'azote, les bancs de vase de la Vesle, à la hauteur du domaine des Marais, en dosent 3,42, et, de plus, 11,80 de phosphates, ce qui est relativement peu important pour les terrains crayeux, mais majeur pour les tourbeux.

Dès lors M. Duchâteau organisa des extractions et, à l'aide de ses canaux, on lui amène, toutes les fois que le temps le permet, des masses de cet engrais, à raison de 2 fr. 25 le mètre cube. C'est avec lui et les résidus, de défécation, de noir animal, et de lavage de betteraves, provenant de la sucrerie, qu'il complète les 3,800 tonnes d'engrais qu'il applique à son exploitation.

En sorte que chacune de ces matières figure pour les chiffres suivants :

Fumiers d'étables.......	1,850	tonnes.
Résidus de fabrique.....	300	»
Boues de rivière........	1,650	»

Le jury nous permettra de ne pas faire davantage l'éloge de cette opération. Nous la lui avons racontée assez en détail pour qu'il puisse en admirer l'originalité. Maintenant, qu'il nous permette de la critiquer.

Il nous est venu deux doutes à propos de ces boues :

1° Ont-elles toute la valeur agricole que leur assigne l'analyse chimique ?

2° M. Duchâteau fait-il bien de les mélanger par couches alternes avec les fumiers ?

Ce n'est certainement pas votre rapporteur, messieurs, qui veut médire de la chimie, ce serait de l'ingratitude de sa part ; mais n'est-il pas des circonstances où, tout en étant d'une exactitude rigoureuse, les chiffres du chimiste ne répondent pas aux résultats attendus ? et n'est-ce pas toujours dans les phénomènes qui touchent à la vie que ces cas anormaux se présentent ?

D'ailleurs, un engrais, outre qu'il est un aliment pour les plantes, n'est-il pas aussi, et le plus souvent, un amendement pour le terrain ? c'est-à-dire ne porte-t-il pas le plus souvent en lui-même des substances qui, sans être assimilables par les plantes, réagissent utilement sur les parties assimilables ?

Dès lors, quand on a à préjuger d'un engrais, après avoir fait l'analyse de toutes ses parties, après s'être assuré qu'il contient en quantités suffisantes les éléments *sine quà non*, qui lui méritent ce nom, ne doit-on pas ensuite examiner les substances secondaires, qui accompagnent les éléments capitaux et les comparer avec celles de même nature, qui préexistent ou font défaut dans les terrains sur lesquels on doit faire réagir cet engrais ?

Eh bien, en dehors de l'azote et des phosphates, de quelle nature est le nouvel engrais de M. Duchâteau ? d'une part il est ultra-tourbeux, de l'autre il est ultra-calcaire ; mais à quels terrains est-il appliquée ? à des terrains ultra-tourbeux d'un côté, et ultra-calcaires de l'autre.

Ainsi, d'une part, à des terrains qui contiennent déjà beaucoup trop de matières combustibles, on ajoute une matière combustible de même nature qui, au détriment de la matière riche, absorbe l'air qui fait déjà défaut, et qui cependant est essentiel pour que l'assimilation ait lieu ; d'autre part, à des terrains ultra-calcaires, on ajoute tous les trois ans dans les engrais 7 à 8 tonnes d'un calcaire combiné aux éléments de l'engrais et chimiquement divisé, calcaire qui en raison de cette division et de cette répétition est un violent marnage.

En sorte qu'à des terrains qui absorbent déjà trop d'air, on applique un engrais absorbant énormément d'air, d'un autre côté à des terrains qu'il faudrait plutôt *démarner*, on ajoute de la marne.

Si l'engrais de M. Duchâteau était uniquement calcaire, nous lui dirions : « Portez-le sur vos tourbes, mais garez en vos calcaires ! » S'il était uniquement tourbeux, nous lui dirions au contraire : « Portez-le sur vos calcaires, mais garez-en vos tourbes ! » Malheureusement il est l'un et l'autre, et nous sommes porté à lui dire : « Garez-en l'un et l'autre !.. »

C'est mettre de l'huile sur le feu, disions-nous à M. Charpentier-Courtier, que de mettre des calcaires sur des calcaires ; nous tiendrons le même langage à M. Duchâteau ; mais de plus nous ajouterons : porter de la tourbe sur de la tourbe, c'est priver d'air un asphyxié.

Cependant, à ces considérations purement philosophiques, on doit en ajouter d'autres d'un ordre essentiellement pratique, que nos études et nos nombreuses écoles nous ont appris à respecter.

Pourquoi les cultivateurs riverains de la Vesle n'emploient-ils pas, depuis longtemps déjà, un engrais que depuis des siècles ils ont sous la main? Car on a beau appeler le paysan encroûté, ignorant, routinier, imbécile, c'est un homme comme un autre, doué en certaines choses de plus de finesse qu'un autre ; il est sans doute long à voir, timide à exécuter, mais enfin il finit par voir et par exécuter. Il a vu la marne, le plâtre, les cendres, la tangue, la chaux, le goëmon, les cendres pyriteuses, le tourteau, les prairies artificielles, les irrigations, les engrais enfouis en vert, même le drainage ; comment donc, depuis des siècles que Reims lave des laines, n'aurait-il pas vu le pouvoir fertilisant des vases de la Vesle? Ce serait bien singulier! Mais, dira-t-on, ce n'est que tout récemment qu'il utilise celles des dépotoirs. Ceci est vrai, car les dépotoirs sont récents ; mais on peut répondre qu'avant les dépotoirs le ruisseau coulait trop rapide pour déposer son limon, et que tout était entraîné dans le lit principal, s'y mélangeait de calcaire, s'y décomposait en grande partie, et perdait par là ses qualités essentielles. Voilà pourquoi, sans doute, les cultivateurs n'em-

ployaient pas les boues de la Vesle; voilà pourquoi, aujourd'hui, ils recherchent celles des dépotoirs, qui, elles, ne sont pas altérées comme
celles du domaine des marais, et de plus sont bien
plus riches en éléments assimilables; ce fait est
grave, et va encore contre les vues de M. Duchâteau.

Enfin ce qui viendrait encore à l'appui de tous
ces arguments, c'est que les 16,300 kilos de fumier
de ferme, que M. Duchâteau met par hectare
tous les ans dans ses terres, eu égard à la nature
du sol, nous semblent bien suffisants pour expliquer ses rendements, qui sont beaux, il est vrai.
mais sans être aussi extraordinaires qu'ils devraient, si les boues de la Vesle produisaient un
effet proportionnel à leur valeur chimique.

Maintenant, M. Duchâteau fait-il bien de mélanger ses boues à ses fumiers ?

C'est encore là une grave question ! Il est à
craindre, en effet, qu'il ne s'établisse de fausses
fermentations, que le fumier ne passe trop vite, et
ne réagisse plus sur le sous-sol calcaire. ce qui est
absolument nécessaire en Champagne, parce que,
comme nous l'avons déjà dit, si le sous-sol ne se
décomposait pas avec la plus grande activité, la
couche arable s'épuiserait bientôt et même dispa-
raîtrait faute de renouvellement suffisant.

Nous vous demandons pardon, messieurs, de
nous être étendu si longuement sur cette question:
mais elle en valait la peine : c'est peut-être la plus
intéressante que nous ayons à traiter. Quant à nos

réflexions, nous ne les donnons que pour ce qu'elles valent; ce sont des hypothèses dictées par la prudence, et non du dénigrement. Loin de nous la pensée de vouloir rabaisser un homme que nous estimons, que nous honorons pour ses beaux travaux et les grands services qu'il a rendus et rend tous les jours : Que, d'après nos idées, et dans les conditions où il est placé, M. Duchâteau ait fait, en ce qui concerne ce nouvel engrais, une opération douteuse? c'est possible; mais au point de vue des idées généralement reçues en agriculture, elle reste grande, belle et savante! de plus, nous devons ajouter, que cet engrais, fût-il réellement inerte dans ses terrains, il rendrait encore, suivant nos propres idées, des services signalés dans les sols sablonneux, peu calcaires et très-perméables, c'est-à-dire dans de détestables sols.

Mais, pendant que, comme agriculteur et exploitant, M. Duchâteau faisait pour lui-même ces efforts considérables, comme fabricant de sucre de betteraves, il en faisait de non moins grands pour ses voisins.

Il lui fallait, en effet, 6,000 à 7,000 tonnes de betteraves par an, et son exploitation était loin de pouvoir les fournir. C'est à peine si, encore à présent, elle suffit au cinquième; il devait donc en demander 4,500 à 5,000 aux cultivateurs ses voisins. Là encore M. Duchâteau rencontra des difficultés majeures : le sol était rebelle, les gens défiants, ils ignoraient, d'ailleurs, le mode de culture, les bras manquaient. Alors, il se fit apôtre de son idée, puis instituteur théorique et pratique; il appela des ouvriers du Nord, il envoya des gens pour semer, biner, récolter; et la légion de semoirs et de houes à cheval, qui figurent aux Marais avec toute la collection des instruments perfectionnés, sont la preuve parlante qu'il vint et vient tous les jours en aide à ses clients, par les moyens les plus efficaces: si bien qu'aujourd'hui tout semble pouvoir marcher sans son intervention. Cette diffusion de la culture de la betterave, dans un pays où jusquelà elle était restée étrangère, est encore un nouveau titre à votre gratitude.

Maintenant, messieurs, quels sont les résultats financiers de ces énormes travaux ?

M. Duchâteau, comme industriel, est obligé de tenir une comptabilité très-soignée , et ce qu'il fait en ce genre pour sa fabrique, il le fait aussi pour son exploitation rurale ; cependant, les livres de l'exploitation sont entièrement distincts des autres, quoique ce soit le même comptable qui les tienne.

C'est au 30 avril 1853, que M. Duchâteau a fait son premier inventaire, et, pour l'établir, il a commencé par donner une valeur à son exploitation rurale et à ses bois; cette valeur, calculée sur le prix d'achat, 230,000 fr., a été de 150,000 fr.; pendant que celle de la fabrique, de la maison d'habitation et des tourbières est restée à 80,000. Cette ventilation nous semble assez juste.

Puis, suivant que les inventaires se soldaient en dépenses ou en recettes, il a, chaque année, augmenté ou diminué le capital primitif.

Ainsi, sur les huit inventaires qu'il a faits depuis 1853 jusqu'à 1860, cinq se soldent en dépenses, pendant que trois se soldent en recettes ; et, tous comptes faits, les dépenses l'emportent encore de 66,000 francs sur les recettes. Par conséquent, le capital primitif, de 150,000 fr., se trouve augmenté aujourd'hui de 66,000 fr., et s'élève à 216,000 fr.

On le voit, c'est à un système d'amortissement perpétuel que tend M. Duchâteau, et ce qui le prouve, c'est qu'il fait figurer dans les dépenses non-seulement les intérêts de toutes les sommes engagées, mais encore qu'il ne compte pour rien les constructions de bâtiments, les achats et installations de machines, les améliorations foncières, etc., qui sont considérables et dont nous sommes loin d'avoir donné tous les détails.

Une fois le compte ainsi établi, M. Duchâteau fait ensuite observer, que la somme de 216,000 fr. est la somme dépensée, mais que le domaine vaut en réalité bien davantage, et voici l'évaluation qu'il en donne :

114 hect. de terres arables, à raison de 2,500 fr. l'un..............	285,000 fr.
20 hect. de bois très-beaux........	30,000 »
50 hect. de prés marais..........	25,000 »
Total........	340,000 fr.
au lieu de.....................	216,000 »
Différence.....	124,000 fr.,

sans compter les améliorations et les reconstructions de bâtiments et de chemins :

A l'appui de ce chiffre. M. Duchâteau ajoute, que les terres se vendent autour de lui 4.000 fr., et qu'il n'a compté les siennes, qui sont améliorées. qu'à 2.500; puis, divisant cette plus-value de 124.000 fr. en huit annuités, il conclut que son opération agricole lui a gagné 15.500 fr. par an.

Le raisonnement semble fort juste; la comptabilité, quoique présentée sous une forme difficile à vérifier, doit être rigoureuse : et cependant les conclusions peuvent être fausses! Qui nous démontre, en effet, si ce n'est un certain sentiment des choses agricoles. que la propriété a gagné 124.000 fr., tandis que nous en voyons 66,000 de mangés? Pourquoi n'en aurait-elle pas aussi bien gagné 200.000? pourquoi pas 50.000 seulement? Qui nous prouve que c'est par suite des améliorations et non pas par un surenchérissement général des propriétés qu'elle les a gagnés? Qui nous prouve enfin, que M. Duchâteau n'a pas fait un excellent marché le jour où il a acheté son domaine. parce que, tout le monde étant dégoûté d'un bien qui avait ruiné son vendeur, personne n'a poussé les enchères?

Évidemment ce n'est pas ainsi que des comptes agricoles doivent être présentés à un jury. surtout après des opérations si multiples et si en dehors de la voie généralement suivie. Cependant, messieurs. malgré le petit sentiment, qui nous agite dans ce moment contre M. Duchâteau. nous avons pensé qu'il était un concurrent trop sérieux et trop intéressant à étudier. pour que nous ne poussions pas l'examen à fond, et ce qu'il n'a pas fait, nous avons essayé de le faire, à l'aide de documents épars dans son mémoire et de données qui nous sont personnelles.

Voici les comptes que nous avons établis : — Recettes calculées sur les années 1858 et 1859, en acceptant les chiffres de M. Duchâteau (valeur marchande) :

Bois	1 500
Betteraves	28 504
Blés	15 331
Pailles	7 109
Seigle	6 068
Avoine	1 780
Artificielles	6 705
Prairies naturelles	4 500
Produits de l'engraissement	21 400
Travail des animaux de trait	17 280
Total des recettes	110 177

Dans son mémoire, M. Duchâteau n'estime ni le foin des prairies naturelles, ni le travail des animaux de trait, ni les produits de l'engraissement.

Nous avons porté le foin de prairie à 60 fr. la tonne ; le chiffre, du reste, importe peu, il figure en dépense à la consommation des animaux.

Quant aux produits de l'engraissement, M. Duchâteau dit : « Ils (les animaux) engraissent en moyenne de 735 grammes par jour : le chiffre est mathématique. » Partant de cette donnée, et tenant compte de ce que le maigre se paye relati-

vendent bon marché pendant que le gras se vend
cher, nous avons compté l'accru des animaux à 1 fr.
le kilo : dans plusieurs circonstances nous avons
eu l'occasion de vérifier ce coefficient.

Le travail des animaux de trait a été compté
à 4 fr. par journée de travail, et le nombre des
journées à 240 par an. De plus, nous avons admis, que trois bœufs de trait équivalaient à deux
chevaux.

Mais on sera peut-être étonné de voir figurer en
recette une somme de 17,280 fr. pour le travail des
animaux de trait : nous ferons observer, à cet égard,
que l'exploitation en use à peine le tiers, tandis
que la fabrique et de nombreux transports de terre
absorbent tout le reste ; or, comme c'est la ferme
qui fournit tout ce travail, ses comptes de recette
doivent en bénéficier.

Passons maintenant aux dépenses : elles ont été
calculées sur des coefficients fournis par M. Duchâteau et complétés par nous; les articles marqués
d'un * dérivent de données fournies par M. Duchâteau ; les articles marqués de ** dérivent au contraire de données, qui ont été complétées par le
rapporteur ; les articles, qui ne sont pas marqués
du tout, dérivent du rapporteur seul.

Compte des betteraves.

Conduite des fumiers à raison de 12
    tonnes par jour pour deux chevaux
    et un homme, 100 tonnes à l'hect.
    et 38 hectares. . . . . 2,850 fr.

Report. . . .	2,850 fr.
*Chargement et épandage des fumiers	921
*"Trois labours à 20 fr. l'un par hect.	2,280
Semences de betteraves, 6 kilos l'hect.	
à 1 fr. le kilo..	228
Semis au semoir, 6 fr. l'hectare. . . .	228
Hersage et roulage à 12 fr. la paire	
par hectare.	456
* Binage et arrachage.	3,800
Rentrée des betteraves en fabrique,	
1 fr. 25 c. les 1,000 kilos.	1,662
Total des dépenses, betteraves.	**12,425 fr.**

On ne tient pas compte ici des coups de rouleau
Croskill, de scarificateur et de herse norwégienne,
que l'on donne cependant, parce qu'on admet trois
coups de charrue, et que souvent il n'y en a que
deux ; le troisième se donne à temps perdu.

Quant au prix du labour, nous le comptons à
20 fr. de l'hectare, parce qu'il est de 15 à 30 centimètres de profondeur, qu'il y a des terres parfois
humides, et que dans la collection des instruments,
nous avons remarqué des charrues pour terrains
moyens, ce qui prouve que les sols des marais
offrent une certaine résistance.

Compte des froments.

	fr.
** Un labour pour 38 hectares.	760
Hersage.	228
Roulage avec le Croskill, à 12 fr. l'un. .	456
à reporter. . . .	1,444

Report....	1,444
Nettoyage au printemps, 6 fr. l'un......	228
Semence, 2,5 hectolitres au moins, parce qu'on sème tard..................	1,900
* Moisson, 32 fr. 50 c. l'hectares.......	1,235
Rentrée et battage (voir plus bas)......	
Total du compte froment.....	4,807

Compte des seigles.

** Un labour pour 16 hectare..........	320
Hersage...........................	96
Roulage...........................	96
Nettoyage.........................	96
* Moisson à 32 fr. 50 l'hect...........	490
Semence, 2,5 hectolitres par hectare....	480
Rentrée de récolte et battage (voir plus bas)............................	
Total du compte seigle.........	1,578

Compte des avoines.

** Un labour (vaudrait mieux deux) sur 9 hectares.......................	180
Hersage...........................	54
Roulage...........................	54
Moisson calculée aux deux tiers du froment. donc 21 fr. l'un..................	189
Semence, 2,5 hectol. à 7 fr. 50 c. l'un...	169
Rentrée et battage (voir plus bas)......	
Total du compte avoine.......	646

Compte des artificielles.

** Semence pour 5 hectares, sainfoin, luzerne, trèfle et façon...............	fr. 280
* Fauchage à deux coups pour 10 hect., 18 fr. chaque coup....................	360
Rentrée (voir plus bas)................	
Compte des artificielles.....	560

Compte des prairies naturelles.

Fauchage et façon, à 21 fr. l'hect., pour 50 hect...........................	1,050
(Les prairies sont humides et le foin y sèche lentement et difficilement)	
Compte des prairies naturelles....	1,050

Rentrée des gerbes et fourrages.

Nous comptons 3 fr. par tonne, parce que c'est toujours une opération lente où il y a beaucoup de temps perdu par les animaux, qu'on ne peut pendant ce temps là employer ailleurs, et par les chargeurs et les déchargeurs, qui s'attendent réciproquement et s'amusent pas mal.

Gerbes de toutes sortes comptées d'après le poids des grains.

Poids total, paille et grain, 385 tonnes à 3 fr................................	fr. 1,155
Artificielles, fourrages verts et foins, le tout compté sec à 166 tonnes........	498
Total de ce compte.........	1,653

Compte de battage des céréales.

Calculé sur le poids du grain è raison de
0 fr. 82 c. le quintal métrique et sur
1.100 quintaux.   900

Résumé de la dépense des mains-d'œuvre. — Semences
et bêtes de trait.   fr.

Betteraves.	12,425
Froment	4,807
Seigle.	1,517
Avoine.	646
Artificielles.	560
Prairies naturelles.	1,050
Rentrée des gerbes et four-	
rages.	1,653
Battage des grains.	900
Total du travail des champs.	23,558

Dépense de la nourriture des animaux comptée à sa va-
leur marchande, comme elle l'a été aux recettes, et
d'après les rations indiquées par M. Duchâteau.

					fr.
Pulpes,	584 tonnes à	12 fr. l'une.			7,008
Pailles,	100 id.	à 23 fr.			2,300
Tourteaux,	80 id.	à 150 fr			12,000
Avoine,	160 id	à 170 fr			2,700
Seigle,	11 id.	à 150 fr			1,650
Artificielles,	91 id.	à 72 fr. 72 c. .			6,620
Foin,	75 id.	à 60 fr			4,500

Paille pour litière à raison de 0,88 p. 100
par jour du poids des animaux pour 45
tonnes de bétail, 116 tonnes de paille
à 23 fr. 3.358

Total de la dépense des animaux.   40,136

Soins donnés au bétail comptés à raison
de 60 fr. par 1,000 kilos au lieu de 50,
qui est le chiffre normal, parce qu'à la
ferme des Marais, puisqu'on ne fait
qu'engraisser, on a des frais exceptionnels et perpétuels d'achat et de vente des
animaux : fait, sur 45 tonnes de bétail, ... 2,700

Chances de pertes et d'insuccès comptés
à 5 p. 100 du capital engagé (19,000),
parce qu'on opère sur de vieilles vaches
dont l'existence est moins sûre que celle
d'autres plus jeunes............... 950

Total de ce compte........... 3,650

Mobilier de ferme.

Animaux, 45 tonnes à 450 fr. l'une.... 19,025
Instruments, outils, machines, harnais, etc.
(il y a une machine à vapeur spéciale à
la machine à battre, au casse-tourteau,
au hache-paille). M. Duchâteau en
compte pour 12,000 fr............. 10,000
En magasin, le tiers des récoltes, blé,
seigle, aliments achetés pour le bétail,
environ......................... 20,000

Total du mobilier de ferme.... 49,025
Représentant un intérêt de.......... 2,450
Usure, renouvellement et réparation du
matériel, outils, machines, etc. 20 p. 100. 2,000

Total...... 4,450

Engrais achetés.

Boues de Vesle, 1,650 tonnes à 2 fr. 25
la tonne.   3,742

Résidus de la fabrique de sucre, cendres,
défécation, vieux noir : 300 mètres cubes, au même prix que les boues   675

Total des engrais achetés.   4,417

Ainsi en résumé les dépenses s'élèvent à :

Frais de culture.   23,558
Nourriture donnée aux animaux.   40,136
Chances de perte et soins donnés aux
animaux.   3,650
Intérêt du mobilier de ferme et renouvel-
lement de matériel.   4,450
Engrais achetés.   4,417

Total des dépenses.   76,211

Maintenant à combien faut-il estimer les frais
imprévus, oubliés et les chances de pertes non
calculées? Généralement nous comptons ces frais
à 10 p. 100 de la dépense établie : ce coefficient
empirique, qui est celui de notre propre comptabilité agricole nous sert assez bien, de plus nous
avons eu en plusieurs autres circonstances l'occasion de vérifier, qu'il se rapprochait de la vérité,
toutes les fois qu'on établissait un compte de culture d'après le système, que nous venons de suivre :
par conséquent en acceptant cette donnée, les frais
dont il est question s'élèveraient à 7,621 fr., puis
que les dépenses établies sont de 76,211 fr.

D'autre part à combien faut-il évaluer le fermage? Le taux de 3, 5 p. 100, impôts payés par le propriétaire , nous paraîtrait convenable ; mais puisque nous nous sommes rapproché, autant que possible, des données de M. Duchâteau, et qu'il le compte à 5 p. 100, nous le compterons comme lui : d'après cela le capital engagé étant de 216,000 fr., le fermage serait de 10,800 fr.

En conséquence, les frais de toute nature s'élèveraient à :

Dépenses établies................................	76,211
Frais imprévus, oubliés et chances de pertes non comptées.............	7,621
Fermage...............................	10,800
Total..........	94,632
Nous avons dit que les recettes étaient de............................	110,177
Les bénéfices nets resteraient donc à...	15,545

On a déjà vu que M. Duchâteau en déclarait 15,500 : nos calculs et les siens coïncident donc de la manière la plus parfaite (1).

(1) Cette coïncidence est même telle qu'à bon droit elle peut paraître suspecte ; mais le détail suivant démontrera qu'elle ne mérite pas ce reproche :

Lorsque pour la première fois nous établîmes les comptes de M. Duchâteau, il se glissa dans notre calcul l'erreur matérielle suivante : au lieu de lui porter 80 tonnes de tourteau en dépense, nous lui en comptâmes 239, c'est-à-dire que nous prîmes le chiffre représentant le tourteau en équivalent foin, pour le tourteau lui-même ; nécessairement cette erreur nous conduisit à des conclusions qui étaient loin d'être favorables à M. Duchâ-

C'est là un admirable résultat, qui, s'il n'est pas
la vérité, en est du moins bien près, car dans le
prix évidemment trop élevé du fermage, il est de
fortes compensations aux erreurs, qui pourraient
provenir d'un chiffre peut-être forcé en recettes
ou atténué en dépenses.

Dès lors, d'après cela on doit conclure que
M. Duchâteau est un agriculteur émérite, très-
hardi, très-habile et vraiment digne de la haute
réputation qu'il s'est faite : c'est ce que nous
avions à vérifier, nous croyons l'avoir établi d'une
manière à ne laisser aucun doute et nous sommes
heureux d'avoir à lui rendre cet hommage.

Mais doit-on porter la prime sur lui? Certainement, à tous égards, il en serait parfaitement
digne ! car s'il ne s'agissait que d'inventions, d'innovations, de succès agricoles, aucun des concurrents ne pourrait se mesurer avec lui.

Mais, nous vous l'avons dit à propos de MM. Desse :
« C'est à une exploitation, qui peut servir de mo-

---

teau, car ses 15,500 fr. de bénéfices se transformèrent en 10,000
à 11,000 fr. de perte.

Cependant, en revoyant l'épreuve où cette grossière faute de
calcul est consignée, nous fûmes étonné que 80 vaches con-
sommassent 230 tonnes de tourteau; cette observation nous
amena donc à faire la correction; mais cette unique correction,
en diminuant tout d'un coup les dépenses de 24,000 fr., plus le
dixième, c'est-à-dire de 26,100 fr., constitua les 15,345 fr. de
bénéfices auxquels nos calculs conduisent. Certainement ce détail démontre bien que nous étions loin de chercher une coïncidence avec M. Duchâteau, et que si elle s'est produite, elle
n'est que le résultat de la force des choses ou d'un heureux
hasard.

dèle au grand nombre, que la prime doit être
accordée, et, chez MM. Desse, l'agriculture passe
bien après l'industrie et n'en est qu'une annexe. »
Dans une mesure plus étroite, il est vrai, mais dans
une mesure très-large encore, cette objection très-
sérieuse peut et doit être faite à M. Duchâteau.
Cependant, en raison de la grande originalité de
ses travaux, de ses énormes efforts, des difficultés
qu'il a vaincues, de l'influence agricole qu'il a
acquise dans la contrée et des services qu'il y a
rendus ; considérant d'ailleurs qu'il ne prélève
pour lui-même que 300 tonnes de pulpes sur les
betteraves qu'il achète, pendant qu'il en rend 600
aux agriculteurs ses clients, la Commission aurait
peut-être pu se décider à le porter pour la prime ;
mais il lui est venu d'autres scrupules : les terres
de Champagne résisteront-elles longtemps à l'action épuisante de la betterave? Qu'elles résistent
aux marais, avec 16,300 kilos de fumier normal
par an et par hectare, nous en avons plus que
l'espérance, car nous en avons la presque certitude ;
mais en sera-t-il de même chez les voisins, qui à
grand tort pour eux-mêmes, n'appliquent pas la
moitié de cette dose de fumier?

Ensuite, si les fournisseurs étrangers fumaient
aussi fort que M. Duchâteau, la qualité des betteraves, surtout dans des terrains ultra-calcaires, n'en souffrirait-elle pas? Les betteraves que
produit M. Duchâteau lui-même sont-elles aussi
bonnes que celles qu'il achète?

Ce doute est permis, car nous avons fré

quemment rencontré des betteraves de fabrique,
qui ne pouvaient être travaillées seules, faute de
richesse saccharine et à cause de la trop grande
abondance des sels dus à l'excès de fumier : dès
lors que deviendrait la fabrique, malgré son excellente position sous le rapport du combustible
et les succès industriels importants, dont elle paraît jouir aujourd'hui, si elle se trouvait prise
entre des fournisseurs refusant de livrer, ou des
fournisseurs livrant de mauvais produits?

Dans cette nouvelle position qu'arriverait-il
alors de l'exploitation agricole, si la sucrerie à laquelle elle est étroitement liée venait à se ralentir?

Ces questions sont graves, messieurs, et bien
qu'elles ne paraissent pas se produire, bien qu'elles
soient indépendantes de M. Duchâteau, bien plus
parce qu'elles sont indépendantes de lui, nous
avons dû nous les poser : aussi l'objection faite à
M. Desse aidant, il ne nous a pas semblé permis
de passer outre.

Mais si la Commission ne croit pas devoir pré-
senter M. Duchâteau pour la prime, il n'en est pas
de même pour les médailles spéciales; sous ce
rapport, le jury n'a qu'à choisir, entre :

1° L'assainissement de 40 hectares de marais, et
la création de voies agricoles navigables desservant
la fabrique et l'exploitation :

2° Des études remarquables et toujours pour-
suivies sur les diverses variétés de blé convenant
le mieux à son exploitation :

3° La mise en valeur et la refonte à peu près
complète d'une sucrerie agricole :

4° La découverte et l'application d'une substance jusqu'ici ignorée, et que la chimie désigne comme un engrais :

5° L'importation de la culture de la betterave dans un pays où jusque-là elle était délaissée ; les enseignements, les secours de toutes sortes donnés aux cultivateurs voisins avec la plus grande habileté, et un succès complet couronnant l'œuvre :

Tels sont, messieurs, les principaux titres de M. Duchâteau à votre haute équité : ils sont tous de premier ordre.

Le plus original, le plus séduisant de tous est celui qui a rapport à l'engrais ; mais la prudence commande peut-être de se tenir encore sur la réserve. D'autre part, il y a des candidats, qui, comme fabricants de sucre et promoteurs de la culture de la betterave, partagent cet honneur avec M. Duchâteau; mais nul n'a assaini et canalisé avec autant de hardiesse, d'originalité et d'habileté de vastes surfaces tourbeuses.

Si le jury partage l'avis de la Commission, il votera donc une médaille d'or spéciale à M. Duchâteau, pour assainissement de terrains tourbeux et création de voies navigables agricoles, servant à exploiter toutes ces surfaces.

XXVI

M. PONSARD

Il est de ces noms privilégiés qui, aussitôt qu'on les prononce, éveillent les sympathies publiques : c'est qu'ils sont synonymes d'intelligence, d'initiative et de dévouement : celui de M. Ponsard, vous le savez, Messieurs, est de ce nombre, et votre commission de visite, en étudiant ses travaux, n'a fait que se rendre un compte plus détaillé des sérieuses raisons, qui lui ont valu sa grande réputation.

M. Ponsard habite le château d'Omey, dans l'arrondissement de Châlons-sur-Marne ; c'est de là qu'il dirige quatre entreprises agricoles différentes. Nous placerons en première ligne 10 hectares de terres de qualités diverses, empruntés au domaine d'Omey. C'est le champ d'essai, auquel se trouvent aussi annexées des étables d'essai. Combien de fois n'a t-il pas englouti sa valeur? valeur qu'il ne rendra jamais, quoique la Champagne et l'agricul-

ture en général lui doivent déjà beaucoup ! C'est
dans ce laboratoire restreint, mais complet, que
tout ce que l'imagination, la réflexion, le hasard,
font naître dans une tête savante, trouve son application. Mais, quand, du milieu d'un dédale d'expériences, surgit un résultat heureux, c'est de là qu'il
part pour se répandre au loin.

Cependant, avant de se lancer tout à fait dans
le monde, il a d'abord une première barrière à
franchir. Il faut qu'il s'arrête avant tout devant un
juge sévère, que l'imagination, l'amour du nouveau, n'emportent pas au delà du but exclusivement
utile : ce juge, c'est l'ancien régisseur de M. Ponsard, qui, à la suite de longs services, est devenu
l'entrepreneur des cultures de 65 hectares déjà
améliorés. Quel est le contrat entre M. Rigollet et
M. Ponsard ? Vous le saurez bientôt. Quoi qu'il en
soit, si M. Rigollet est, bon gré mal gré, obligé de
rester attaché au progrès sérieux, efficace, pro-
ductif, dont M. Ponsard est le premier et le seul
promoteur, il a aussi un droit de *veto*, qui barre le
chemin à toute idée et à toute spéculation qui
n'est que spécieuse.

Après ces 75 hectares de terre, dont nous venons
de vous indiquer sommairement l'emploi, il reste
encore à Omey 75 autres hectares, dont 48 en
anciens prés et en vieilles eaux, situés sur les
bords de la Marne ; c'étaient des alluvions de tout
âge, dénivelées, corrodées par la rivière, constamment bouleversées, mélange inégal de cailloux
roulés, affleurant ici la surface, remplacés là par

des terres argileuses plus ou moins franches, et
craignant tout à la fois les gelées de l'hiver, la sécheresse de l'été, les inondations intempestives
du printemps, ou le long séjour des eaux de l'automne et de l'hiver. Redoutant ainsi toutes les in-
fluences, c'était la patrie des herbes les plus diverses, depuis la lèche et les roseaux jusqu'aux
graminées des prairies les plus sèches. En lui-
même, le sol manquait-il de qualités? Non. Les
eaux, au lieu de nuire, pouvaient-elles être utiles?
Certainement. C'est ce que M. Ponsard a compris.
Dès lors il s'est fait ingénieur hardi, constructeur
habile et irrigateur consommé. Les travaux ne sont
cependant pas encore achevés, que déjà les propriétaires voisins, frappés des premiers résultats,
se syndiquent à l'envi pour les imiter.

Mais, vous le savez, il existe en Champagne de
vastes surfaces crayeuses, souvent abandonnées,
parfois recouvertes de maigres forêts de sapins. —
Les féconder serait agrandir la France de plusieurs
milliers d'hectares qui, de nuisibles ou au moins
d'improductifs, deviendraient utiles; c'est là un
problème que beaucoup de bons esprits, que l'Empereur tout le premier, cherchent à résoudre. Non
loin d'Omey, au fond d'un vrai désert, M. Ponsard possède de 600 à 700 hectares de terres et de
bois de cette nature; mais, pendant 6 kilomètres,
il n'y a pas de chemin pour s'y rendre. Il le trace,
il le sollicite, il se contente des maigres ressources
fournies par les rares populations de ce pauvre
pays; elles sont bien insuffisantes! il le complète

ou plutôt il les comble de ses propres deniers, et
le chemin est créé. Les bâtiments, l'eau manquent
absolument; il élève les uns et creuse des puits
de plus de 30 mètres pour aller chercher l'autre.
La population fait défaut : il l'appelle et elle vient
à lui ! Il y a moins de trois ans que l'entreprise
est commencée, déjà elle est presque achevée!...
Il s'agit là, Messieurs, d'une ferme de 200 hectares. Que le temps confirme les espérances de
M. Ponsard, et il y aura un grand service rendu et
un bel exemple de plus à ajouter à tant d'autres.

Cependant, jusqu'ici, nous n'avons vu que l'action directe et personnelle de l'exploitant. Voici
celle du propriétaire : M. Ponsard possède, avec
un de ses parents, 130 hectares de la terre la plus
riche, au milieu des riches alluvions de la Saulx
et de la Marne, à Reims-la-Brûlée, près de Vitry-
le-François : Le fermier a de mauvais bétail ! il lui
donne gratuitement les types les meilleurs. Le
pays est plat et sans écoulement, il pense au drainage ! Mais lui seul en profiterait; d'ailleurs, sans
produire plus, il coûterait davantage. Dès lors il
rêve un vaste syndicat, dans le but d'écouler les
eaux qui nuisent à tous ses voisins. A son appel les
cultivateurs répondent aussitôt, et, par la main
d'habiles ingénieurs, les travaux s'effectuent et
réussissent au delà de ce qu'on en attendait.

Telle est la conséquence de la pensée d'un
homme qui, en songeant à lui, songe également
aux autres.

Cet éloge est grand, Messieurs, il est fait pour

exciter l'envie. Les détails qui vont suivre vous montreront qu'il n'est que mérité.

Le domaine d'Omey fut acquis, vers 1835, par les auteurs de M. Ponsard ; depuis il n'a fait que s'accroître par de nouvelles acquisitions, et il compte aujourd'hui 150 hectares environ, qui se divisent en :

Terres arables.............. 75 hect. » ar s

dont 66 hectares 25 ares en terres d'origine crayeuse, de qualité très-passable ;

8 hectares 75 ares en argilo-siliceux, submersibles par la Marne, et moins propres aux cultures d'hiver qu'à certaines plantes de printemps.

Prés....................	30	»
Oseraie.................	18	»
Bois feuillus et de sapins....	9	»
Verger...................	1	»
Vigne...................	0	80
Parc d'agrément, potager, eaux mortes................	12	50
Plantations récentes diverses sur très-mauvais terrains......	3	70
Total.............	150 hect.	»

Comme nous l'avons dit, sur les 75 hectares de terre, M. Ponsard conserve, à titre d'essai, 10 hectares qu'il exploite directement.

Quant aux 65 autres, ils étaient au début, comme

tout le reste du domaine, en très-piteux état; mais
vers 1852, quand ils eurent été remontés, qu'il
n'y eut plus rien à créer, qu'il n'y eut plus qu'à
continuer et à attendre du temps des améliorations
nouvelles, M. Ponsard, retenu d'ailleurs à Vitry par
des affaires de famille, tenta une expérience délicate, qui doit fixer l'attention de tous les grands
propriétaires : au lieu de continuer à exploiter directement, il prit une sorte d'entrepreneur de
culture, qu'il lia par un contrat donnant toutes
garanties au propriétaire, et intéressant très-forte-
ment l'entrepreneur, non-seulement à maintenir
le bon état acquis, mais encore à le rendre meilleur.

Ce fut M. Rigollet, l'ancien régisseur de M. Ponsard, qui devint cet entrepreneur. Mieux qu'aucun
autre il pouvait calculer les chances favorables ou
funestes; or, il n'hésita pas à changer sa position
tranquille et sûre contre une autre bien plus aléa-
toire en apparence : il fit bien et M. Ponsard aussi.
Tous deux en effet gagnèrent au marché. Les revenus du propriétaire, déjà plus que doublés sous
son habile administration, s'accrurent encore.
Quant au régisseur, qui était cependant si pauvre
au début, que M. Ponsard fut obligé de lui faire
toutes les avances, il possède aujourd'hui en toute
propriété son mobilier de ferme, un bétail important, quelques capitaux et des terres qu'il a achetées
dans le voisinage, le tout valant bien 30,000 francs.

Si, au point de vue de la prime d'honneur, on
peut diversement apprécier de tels arrangements,

il n'en est pas de même au point de vue de l'intérêt social : il y a là une heureuse solution du grave
problème de l'alliance du riche avec le pauvre,
du capital avec le travail, de l'intelligence des
grands faits d'ensemble avec la perspicacité dans
les détails, problème qui préoccupe, à bon droit,
les hommes qui aiment leur pays et comprennent
leur époque.

Le contrat est d'ailleurs très-simple : l'entrepreneur fournit les mains-d'œuvre de toute sorte ;
le propriétaire les champs, les bâtiments et les
instruments exceptionnels. Tous les produits de la
terre se partagent également, depuis le blé jusqu'à
la paille et aux fourrages.

Quant au fumier, il est fourni aussi par portions
théoriquement égales. Mais les animaux ne sont pas
indivis comme dans le métayage ; chacun, au contraire, a ses étables séparées où il agit comme bon
lui semble.

Cependant le nombre des têtes de bétail, leur
espèce, presque leur nature et leur qualité, sont
réglés à l'avance, et par contre-coup la part de fumier que chacun doit fournir.

Ainsi, l'entrepreneur doit posséder 5 chevaux
ou juments de culture, 8 mères vaches, 80 bêtes à
laine ; pendant que le propriétaire doit tenir un
troupeau régulier de 250 têtes de grande race
ovine, comptées à l'hiver. Comme disposition spéciale, en compensation du travail des chevaux de
trait, dont il devrait fournir la moitié, et dont il
ne fournit rien en réalité, M. Ponsard remet à

M. Rigollet 2 hectares de pré en toute jouissance, et le parcours sur 6 hectares après les premières herbes.

Si maintenant on étudie l'économie de ce système, il nous semble qu'il est difficile de trouver un procédé qui sollicite davantage à l'amélioration et à la production. Que manque-t-il, en effet, au grand propriétaire pour être un excellent agriculteur? Ce n'est ni l'argent, ni même les connaissances quand il veut s'en mêler ; c'est l'habitude de ces soins constants, de ces économies minutieuses, de ces petites remarques, de cette surveillance perpétuelle, qui sont au contraire de l'essence, de l'instinct si l'on veut, de l'homme moins fortuné et qui travaille de ses bras. D'autre part, que manque-t-il généralement à l'homme qui travaille des bras? C'est l'argent, l'initiative et la hauteur dans les vues.

L'un complète donc l'autre en se prêtant un mutuel appui. L'exploitation d'Omey en est un exemple frappant. Les cultures sont bien tenues et cependant exécutées avec une grande économie, les récoltes et les fumiers bien soignés. Quant aux bestiaux, qu'ils appartiennent au maître ou au serviteur, à peine peut-on les distinguer ; ceux de M. Rigollet, par suite d'un peu moins d'abondance de nourriture, sont peut-être un peu plus faibles ; mais ce qui les rend encore très-remarquables, c'est qu'à chaque instant ils vont renouveler leur sang, à celui des quelques types de race très-précieuse et de qualité exceptionnelle que M. Ponsard a attachés à ses cultures d'essai.

Dans ses étables d'essai on compte en effet
12 bêtes bovines des races Durham et Ayrshire
avec leurs croisements, 40 têtes ovines du Dishley,
10 truies et verrats du Yorkshire et du Leicester.
tous descendant d'animaux puisés aux meilleures
sources.

Maintenant, Messieurs, que nous vous avons
donné des renseignements généraux sur une partie
de l'organisation de M. Ponsard, nous allons abor-
der des questions plus spéciales, et, pour abréger,
joindre l'exploitation d'essai à l'exploitation cou-
rante.

A elles deux, avons-nous dit, elles forment sans
les prés 75 hectares.

Les bâtiments sont disposés autour d'une cour
rectangulaire, assez fortement inclinée, ce qui assure
l'écoulement aisé et rapide des eaux ; ce sont en
partie des constructions anciennes en bon état, mais
qui, malgré un meilleur aménagement, se ressen-
tent de leur époque, et en partie des constructions
nouvelles, qui montrent ce qu'aurait été la ferme si
elle était toute de la main de M. Ponsard. Ces bâtiments neufs sont à la fois simples, élégants, bien
aérés, bien égouttés, d'un service facile pour les
fourrages et les fumiers. En plusieurs circonstances, ils ont servi de modèle à d'autres propriétaires.

Une pompe à manège distribue l'eau dans toute
la basse-cour ; avec un seul cheval, elle élève 10
à 12 mètres cubes à l'heure, d'une profondeur de
15 mètres. Les fosses à purin et les emplacements

à fumier sont également bien disposés. Le logement du cultivateur est neuf, confortable, bien placé, et répond au reste. Une somme de 20,000 fr. a été consacrée à toutes ces constructions, à ces réparations et aux aménagements divers ; il en eût fallu 35 à 40,000 pour tout refaire à neuf.

L'exploitation est munie de tous les instruments et harnais nécessaires. Là encore les essais n'ont pas manqué, et l'on y rencontre les machines nouvelles les plus recommandées ; nous ne parlons pas de la machine à battre, aujourd'hui elle est devenue vulgaire.

La spéculation animale porte sur l'élevage et la vente des animaux reproducteurs des races dont nous avons déjà parlé, et l'exploitation d'un troupeau de rente dont nous parlerons tout à l'heure.

Les Durhams et les Ayrs réussissent bien à Omey ; quoique leurs cornes y grossissent, ils y conservent cependant encore mieux que les autres races, leur ossature fine et délicate, et sont assez laitiers relativement à leur race et au pays. Ainsi les vaches Durham donnent 2 fois leur poids, les Ayrs et les croisements des deux races 2,5 à 3 fois leur poids d'un lait excellent, car il suffit de 16 à 20 litres de ce lait pour rendre 1 kilo de beurre.

Le mélange d'aliments provenant des terres de Champagne et d'alluvions argileuses peu calcaires ne serait-il pas pour beaucoup dans ces résultats ?

Mais si par hasard il en était autrement, si ce

mélange n'exerçait aucune influence heureuse sur
la qualité des Durhams et des Ayrs, leur introduction dans les exploitations, qui reposent exclusivement sur le calcaire, et où la race bovine prend si
rapidement des formes lourdes et de gros os,
constituerait un avantage : quoique, à vrai dire, la
Champagne étant bien plus le pays du mouton
que celui du bœuf, il faille bien se garder de trop
encourager celui-ci aux dépens de l'autre.

Mais ce n'est pas sur le lait que M. Ponsard spécule directement, tout ce qu'il en produit est consommé à la ferme, au château et par les jeunes
animaux des espèces bovine et porcine, qui, avec
un lait si excellent, se développent merveilleusement, et deviennent des animaux reproducteurs
fort recherchés, non-seulement par les acheteurs
du voisinage, mais encore par d'autres qui viennent de loin, pour se les disputer à des prix très-
élevés.

Le troupeau, ainsi que la vacherie, a donné lieu
à beaucoup d'essais, qui, sans doute, ne sont pas
les derniers, malgré les excellents résultats déjà
obtenus; il se compose aujourd'hui de 130 mérinos, issus de brebis et de béliers des bergeries
de MM. Gilbert et Conseil ; de 180 Dishley mérinos,
issus de brebis de pays et de Dishley pur; enfin
de 40 têtes de Dishley mâles et femelles provenant
ou descendant des bergeries les plus réputées.

Tous ces animaux, au nombre de 350, sont dans
le meilleur état : les croisements sont bons et le
sang pur très-bien conservé. Les toisons pèsent en

moyenne de 1 kilo 50 à 2 kilos pour les brebis, et de 1 à 1 kilo 50 pour les agneaux. La laine, sans être de première finesse, est élastique, longue et assez forte ; le prix en varie entre 5 à 6 fr. le kilo.

Quant aux chevaux, ils n'ont rien de fâcheux, ni de remarquable ; sauf quatre chevaux fins et demi-fins, à l'usage spécial de M. Ponsard et de sa famille, le reste se compose de chevaux et juments de culture, race ordinaire et de pays. M. Ponsard fait pouliner ses juments, et en obtient de bons produits avec les étalons du dépôt de Charleville.

Quoique cette spéculation soit restreinte jusqu'ici à quelques animaux, doit-on l'encourager? Plus encore que pour la race bovine, la réponse a paru douteuse à quelques-uns de vos commissaires. Que les Champenois produisent des poulains, c'est très-bon, c'est même excellent, c'est un grand service à rendre au pays tout entier, nous tâcherons de le démontrer plus loin ; mais qu'ils ne les élèvent pas ; qu'ils les vendent au sevrage, et qu'ils continuent à consacrer leurs soins, leurs capitaux, leurs fourrages au mouton! Partout on peut faire des chevaux, rarement on les fait avec profit, tandis que peu de sols et de climats conviennent au mouton ; mais, aussi, là où le mouton réussit, il l'emporte de beaucoup sur le cheval. Que les Champenois profitent donc de leurs avantages, et qu'ils se restreignent au poulinage des juments!

Comme nous l'avons dit, la porcherie d'Omey compte 10 à 12 animaux reproducteurs bien choisis, des races Yorkshire et Leicester. Les porcelets, qui reçoivent d'ailleurs un supplément de lait de vache, sont vendus, aussitôt après le sevrage, à des prix d'autant plus avantageux, que généralement on les achète pour reproduire.

La basse-cour est peuplée de poules brahma-poutra et de poules de Chine, race naine. Ce choix nous a paru excellent: les premières donnent beaucoup d'œufs d'une grosseur convenable, la chair des autres est très délicate; de plus, à raison de la grande différence de taille entre les deux races, la métisation, qui a été si nuisible à nos animaux de basse-cour, est à peu près impossible. Il y a aussi des oies de Toulouse, des canards de Rouen, qui n'ont pas dégénéré, diverses espèces de pigeons. enfin quelques chèvres de la haute Égypte très-laitières et destinées à suppléer aux mères brebis. quand elles sont trop faibles, ou manquent de lait pour élever convenablement leurs agneaux.

En résumé, Omey compte :

12 chevaux, juments et poulains ;

20 vaches et taureaux, sans compter les veaux, dont 12 de race pure du Durham et de l'Ayrshire;

350 bêtes ovines de race mérinos pure, de Dishley mérinos et Dishley pur ;

10 bêtes porcines de race Yorkshire et Leicester;

1 âne;

Plus la basse-cour.

Tous ces animaux représentent environ 46,000 kilos de bétail de choix ou 575 kilos de bétail vif par hectare de terre arable. Il est vrai que, sur les

30 hectares de prairies naturelles, 18 à 20 viennent au secours des terres arables, pour les aider à nourrir tous ces animaux.

Quant à la nourriture des animaux, sauf quelques tourteaux achetés en dehors, elle est tout entière prise sur la ferme, le calcul des produits le démontre aisément.

Si maintenant nous passons aux cultures, nous voyons qu'en dehors des terres d'alluvion, on suit deux assolements à Omey, suivant que les terres peuvent ou ne peuvent pas porter de luzerne.

Dans celles où ne vient pas la luzerne, l'assolement est de sept ans, et il se suit ainsi :

1re année. Racines sur fumier d'hiver.

            Jachère sur fumier d'été.

2e année. Blé.

3e id.   Seigle et lentillat en partie pour fourrage.

4e id.   Sainfoin et trèfle.

5e id.   id.

6e id.   Blé sur fumure légère.

7e id.   Avoine.

Ainsi les céréales reviennent quatre fois en sept ans, les prairies artificielles deux fois. Les betteraves et les pommes de terre occupent environ les deux tiers d'une sole.

Quant aux terres, qui portent de la luzerne, l'assolement est de 14 années. Les trois premières sont semblables à l'assolement précédent. Les six années qui suivent sont consacrées à la luzerne. Quant aux cinq autres, elles se suivent ainsi :

10ᵉ année. Avoine sur luzerne rompue.
11ᵉ année Betteraves sur fumure d'hiver.
12ᵉ id. Blé.
13ᵉ id. Avoine.
14ᵉ id. Seigle et lentillat en partie pour fourrage.

Les trois quarts des terres au plus entrent dans
le premier assolement, l'autre quart dans le second; en sorte que chaque année l'on a à peu près :

Blé...................... 18 hectares.
Avoine.................. 11
Seigle et lentillat en partie
pour fourrage........... 11
Artificielles............. 25
Racine.................. 7
Jachère.................. 3
Total.......... 75

Devons-nous discuter cet assolement? C'est un
maître qui l'a dicté, il est d'ailleurs déjà ancien
dans l'exploitation et ses preuves sont faites. Les
produits de toutes sortes sont magnifiques, ils
expliquent le bon état et le nombre des animaux
dont nous venons de rendre compte, et des bénéfices importants et nullement douteux que nous
signalerons tout à l'heure. Ce sont là des faits de
premier ordre, qui convainquent plus que tous les
raisonnements.

Passons maintenant à l'examen des prés et des
oseraies. Comme nous l'avons déjà dit, Omey
en compte 48 hectares, dont 30 en prés et 18 en

oseraies : le tout en quatre pièces, qui, outre les
prés et les oseraies, comprennent encore les 8 hectares 75 centiares de terres arables et submersibles, dont nous avons déjà parlé et 1 hectare 71
ares de bois feuillus ; total, 58 hectares 50 ares
en nombre rond.

Si la Marne passait seulement à 200 mètres plus
loin et ne décrivait pas en cet endroit une très-
grande courbe, ces quatre pièces n'en formeraient
qu'une seule. Mais, par bonheur, la principale,
qui compte 34 hectares, est la mieux située ; elle
se trouve entre la rivière et l'exploitation, et est,
sauf par les débordements, d'un accès toujours
facile et rapide.

Comme nous l'avons encore dit en commençant,
ces 58 hectares proviennent d'alluvions de la Marne
très-bouleversées et autrefois très peu productives,
mais que M. Ponsard, par des travaux très bien
entendus, est en voie de rendre excellentes.

Son premier soin a été de mettre les prés à
l'abri des érosions de la rivière ; pour cela il a
exécuté 1,500 mètres de perrets en pierre, partout où le besoin s'en est fait sentir. Ce travail,
fait à temps perdu dans un pays où la pierre est
abondante et d'une extraction facile, n'a pas coûté
très-cher.

Ensuite il a fallu niveler, car la surface était très-
inégale : ici il y avait des points culminants, là
des plans moyens, enfin des baissières et même des
mares, le tout très-irrégulièrement dessiné. Mettre tout à niveau eût été trop coûteux, les prés

eussent d'ailleurs été trop submersibles. En con
séquence, M. Ponsard a divisé son terrain en trois
étages : celui des terres arables, celui des prés, et
celui des oseraies. Cependant tout a été disposé à
l'avance en vue d'une irrigation générale, et sans
nuire au remblai naturel des parties basses, par
les alluvions que la Marne y dépose chaque année,
afin qu'à un moment donné on puisse aussi les
convertir en prairies.

Cependant la Marne est parfois sujette, au printemps, à des crues subites, qui viennent rouiller les
herbes. M. Ponsard a encore prémuni deux pièces
de prés contre cet accident, en les endiguant tout
alentour : mais aussi en y laissant des pertuis à
l'aval et à l'amont qui, suivant qu'ils sont ouverts
ou fermés, permettent ou empêchent l'eau d'entrer : en sorte que, par les crues utiles, il arrose
ses prés, et que, par celles qui nuisent, il n'a plus
à redouter que des eaux d'infiltration, toujours
claires et bien moins dommageables.

Certainement, à ce dernier point de vue, ce travail est efficace, et convient même très-bien aux
prés arrosables à volonté; mais en est-il de même
des autres ? N'y a-t-il pas à craindre que pour sau-
ver la récolte une année par hasard, on ne diminue
assez le colmatage pour nuire à toutes les autres ?
Un de vos commissaires a quelque raison de le
craindre. Placé dans une position inverse, il a
fait raser des digues de cette nature, et s'en est
bien trouvé : seulement pour se mettre à l'abri de
la disette de fourrage dans laquelle le placerait un

crue intempestive, il conserve d'une année sur l'autre un stock de fourrage convenable. Par conséquent, que M. Ponsard y prenne garde ! Qu'il ait endigué sa grande pièce, qu'il a rendue ou va rendre irrigable à volonté ! il a bien fait. Qu'il ait, à titre d'essai seulement, endigué une de ses petites ! il a bien fait encore. Mais qu'il ne généralise pas trop vite ce système; qu'il voie venir, et surtout que ses voisins, qui ne peuvent irriguer, tout en l'imitant dans tout le reste, se ménagent de ce côté? On perd plus souvent qu'on ne gagne à ne pas laisser couler rapidement et abondamment l'eau de submersion; rien n'est plus dangereux que l'eau qui dort sur un pré, et l'on est trop porté à conclure que les phénomènes physiques, physiologiques et chimiques sont semblables dans les irrigations par submersion à ceux, qui se produisent dans les irrigations en lames minces et presque imperceptibles.

Toutes ces réflexions sont bien moins à l'adresse de M. Ponsard qu'à celle des autres agriculteurs moins éclairés, car au fond il a senti le piége. Il ne s'y est pas laissé prendre, puisque jusqu'ici il s'est borné à un essai, et ce qui le prouve, ce sont tous les efforts heureux qu'il a faits pour irriguer sa grande pièce, entreprise difficile, hardie, coûteuse, qui révèle un grand esprit d'observation, et dont nous allons parler.

La Marne décrit autour de cette pièce une courbe de 1,600 mètres, dont la corde n'est que de 600 mètres ; avant le commencement de tout travail et par un hasard heureux, cette courbe etait déjà presque fermée suivant sa corde par un large fossé, qu'il suffisait de ragréer et de percer jusqu'à la rivière, pour le transformer en un beau canal de dérivation. Or, le canal créé, en le barrant avec des vannes comme un bief de moulin, quelle chute obtiendrait-on? Ensuite, quelle concession d'eau l'État consentirait-il? Quelle force motrice aurait-on alors? Combien, avec cette force motrice, pourrait-on élever d'eau à la hauteur maxima des terrains avoisinants? Quel genre d'appareil moteur faudrait-il adopter? Combien tout cela coûterait-il d'établissement et d'entretien? Enfin, combien cela rapporterait-il? Telle est la série d'idées qu'a eues M. Ponsard, telles sont les questions qu'il s'est posées et qui l'ont conduit à arroser sa grande pièce à l'aide d'un appareil hydraulique.

La chute est de 54 centimètres, la concession est suffisante pour donner au moteur une force utile de six chevaux; la quantité d'eau élevée dans les temps des plus basses eaux, c'est-à-dire au maximum de hauteur, est de 80 à 120 litres par seconde ; le moteur est une roue à palettes, le meilleur, en pareille circonstance, après les roues en travers de Girard, qui sont malheureusement trop chères ; le prix d'établissement du tout, 8,000 fr., en comprenant le canal, dont les déblais ont cependant servi au nivellement et qu'en bonne justice on ne devrait pas passer au compte de l'irrigation.

La pièce compte 34 hectares; il y en a 15 d'irrigués, M. Ponsard se dispose à en irriguer 15 au-

tres, ce qui portera les frais de la machine à
266 fr. par hectare, et comme, eu égard aux déblais fournis par le canal, ce serait aller bien loin
que de doubler ces frais, pour payer le nivellement,
la digue et les irrigations, on peut compter, que la
dépense totale, quand tout sera achevé, ne dépas-
sera pas 500 fr. par hectare.

Quant au revenu, il sera plus que sextuplé par
rapport à l'état ancien et plus que triplé par
rapport aux meilleurs prés voisins, qui, cependant, sont bien nivelés et réguliers dans toutes
leurs parties. C'est qu'en effet, non-seulement
M Ponsard engraissera bien davantage son terrain
avec les eaux d'automne et d'hiver ; mais il empê-
chera surtout le soulèvement de la terre par les
gelées et les dégels, un des fléaux les plus nuisibles à ce genre de terrain. Cependant il faut encore
attendre l'effet de toutes ces dispositions ; mais la
Commission, quoiqu'elle ait rencontré beaucoup
d'irrégularité dans les parties achevées, parce
qu'elles étaient récentes, a constaté que la récolte
est pour le moins déjà doublée, bien que les irrigations n'aient pas encore fonctionné ; mais c'est
à cause des bons soins et des semis répétés de
graines diverses, et particulièrement de graines
fourragères de toute sorte, que ces résultats ont
été obtenus. M. Ponsard, en effet, ne manque
pas de semer chaque année, dans ce terrain rebelle à la reprise des herbes de prairies, le fond
de ses greniers, qui contiennent des masses d'excellentes graines qui ne lui coûtent rien.

Quant aux oseraies, elles occupent nécessairement les parties les plus basses, qui sont constamment remblayées par la rivière. Or, comme le but
définitif est de tout convertir en prés, il en résulte
que la culture de l'osier est traitée, suivant son
niveau, par deux procédés tout à fait différents.
Dans les portions inférieures, qui doivent durer
longtemps, elle est soignée ; mais dans les parties
supérieures, on se contente d'arracher les herbes
grimpantes, ou même, pour favoriser la pousse
de l'herbe, on va jusqu'à éclaircir les plants quand
ils sont trop vigoureux, afin qu'au moment où on
les supprimera tout à fait, la prairie se trouve
tout établie.

Comme on le voit, ce système est encore bien
combiné pour arriver au but final le plus écono-
miquement possible.

Passons maintenant à la ferme de Sans-Souci.
Elle est assise sur un vaste savart de 200 hectares.
s'étalant à superficie presque égale sur deux collines en regard, à rampe de 5 pour 100 environ.
et séparées l'une de l'autre par une vallée étroite :
une forêt de pins sylvestres de 450 hectares, appartenant à M. Ponsard, est contiguë aux terres
arables, et les entoure presque complétement.

Là. mieux qu'à Omey, on pouvait tailler en
plein drap. et on n'y a pas manqué. Les bâtiments
sont à peu près au milieu de l'exploitation et au
fond de la vallée. On ne pouvait, on ne devait pas
les placer ailleurs, sans sacrifier plus ou moins le
versant opposé à celui sur lequel ils auraient été

assis, et imposer aux attelages des pentes et des contre pentes toujours nuisibles au service.

C'est autour d'un vaste rectangle, incliné à l'est, qu'on a établi les constructions, qui sont d'ailleurs protégées des vents violents et dangereux par les collines et les bois environnants.

Ces constructions consistent en un élégant chalet suisse, assez élevé, placé au fond de la cour, en face de l'entrée principale, qui elle-même est flanquée de deux bergeries sans greniers, et qui, par conséquent, l'inclinaison aidant, ne masquent pas le chalet. C'est dans ce chalet que sont situés le pied à terre du maître et le logement du chef de culture. A droite et à gauche de la cour, et isolés des constructions précédentes, sont deux grands bâtiments rectangulaires, comprenant des granges à la mode champenoise, avec machine à battre et portes charretières sur la cour et sur le derrière; puis, des bergeries bien plus vastes encore que les premières; des étables et des écuries pour les vaches et les chevaux : par les dimensions relativement restreintes de ces étables et de ces écuries, quand on les compare aux bergeries, on voit bien que c'est l'élevage des bêtes ovines, qui doit dominer à Sans-Souci.

A l'amont, et de chaque côté de la cour, sont deux puits de 35 mètres de profondeur, munis de treuils puissants, et d'une pompe assez légère pour être manœuvrée par une femme ou un enfant. En fait d'eau, c'est là la seule ressource dans ce pays perdu; aussi est-ce pour être sûr de n'en

pas manquer qu'on a creusé deux puits et qu'on
les a aussi bien installés ; non pas qu'il y ait quelque crainte sérieuse de les voir tarir, car ils ont
été poussés à la plus grande profondeur possible
au moment des plus basses eaux de 1859, mais
afin que, si l'un des deux appareils élévatoires venait à casser, l'autre pût suppléer à tous les besoins, en attendant le raccommodage du premier.

Quant aux dispositions intérieures des bâtiments, elles sont généralement empruntées à ce
qu'il y a de mieux à Omey, et l'on n'a pas oublié
de profiter de la position élevée de l'embouchure
des puits pour envoyer, par des tuyaux, de l'eau
aux écuries et au potager.

Quant aux constructions, elles ont été faites avec
économie.

Dans un pays aussi sain, aussi sec et sur un emplacement aussi bien abrité, il était inutile d'employer des matériaux extrêmement résistants :
c'est ce qui a été compris ; aussi les pins des
défrichés ont-ils été largement mis à contribution !
la brique, parfois employée sur champ, et la tuile
sont venues faire le reste ; et le tout, chemin compris, n'a coûté que 30,000 francs.

Quant aux animaux qui peuplent ces bâtiments,
ils sont encore loin de les remplir.

Cependant, au moment de la visite, il y avait :

Chevaux de culture.   5
Vaches de divers mélanges et qualités. .   5
Taureaux Durham et Ayr.   2
Bêtes ovines, toutes adultes.   250

Ce qui représentait 21,000 kilog. environ de poids vif.

Cette année, le bétail aura dû s'accroître de 140 agneaux provenant des 160 brebis que comptait le troupeau, et, si l'année se présente bien sous le rapport du pâturage, on adjoindra encore un cent ou deux de moutons d'été.

Qu'on puisse les hiverner, et M. Ponsard aura atteint le chiffre de 500 bêtes qu'il dit devoir bientôt posséder, mais que dans le fond il compte bien doubler, à en juger par les terrains à construire qu'il a laissés autour de sa cour, et où il peut se développer en ne faisant qu'étendre le plan, que nous venons de donner.

Au train dont ont été les choses jusqu'ici, ces espérances avouées ou secrètes ne paraissent pas irréalisables d'ici à quelques années. Car, ainsi qu'on va le voir, M. Ponsard dirige tous ses efforts vers le développement rapide et abondant des cultures fourragères. de plus, pour hâter le progrès, il a non-seulement acheté considérablement de pailles et d'engrais, mais il a encore mis 12 hectares de ses prés d'Omey au service de Sans-Souci.

Tout ce bétail, sans être médiocre, n'est cependant pas aussi bon qu'à Omey. Les gros animaux sont évidemment plus communs; le tiers des moutons, au lieu d'être des mérinos purs, sont des métis mérinos; les deux autres tiers sont bien des Dishley mérinos, mais ce n'est pas la fleur d'Omey.

Doit-on blâmer cette faiblesse relative? Nous ne

le croyons pas. A chaque terrain sa plante, à chaque plante sa bête, et en cela il ne faut pas seulement comprendre la nature et l'espèce de la plante,
mais surtout sa qualité; aussi, en se montrant
moins ambitieux dans les pauvres terrains de
Sans-Souci que dans les sols enrichis d'Omey,
M. Ponsard a donné un exemple, qui devrait être
imité par quelques-uns des concurrents et bien
des agriculteurs, qui font juste le contraire, et
y perdent beaucoup, quand ils n'y perdent pas tout.

Sur les 200 hectares dont se compose l'exploitation, 149 étaient déjà en pleine culture au mois de
juillet dernier, il en manquait donc encore 51,
mais ils étaient prêts à recevoir les semences d'automne et de printemps. Comme on le comprendra
facilement, le blé est encore rare dans un pareil
terrain; c'est le seigle et l'avoine qui dominent,
et l'on doit tendre aux prairies artificielles. Le
tableau suivant donne l'aperçu des cultures de
1860 :

Blé.	3 hect. 75	ares
Seigle.	44	»
Avoine.	39	»
Orge.	1	»
Betteraves.	»	50
Pommes de terre.	1	»
Fourrages annuels divers.	3	75
Sainfoin de première coupe.	5	»
Sainfoin de deuxième coupe.	10	»
Sainfoin de troisième coupe avec pimprenelle.	30	»
Luzerne.	1	»
Total.	149 hect.	» ares

Ce qui en résumé porte les
céréales diverses à. . . . .   87 hect. 75 ares
Les fourrages et racines à. . .   61   25

Si quelques-unes de ces cultures se montraient
ou étaient faibles, il y en avait au contraire d'autres qui étaient magnifiques. Ainsi de grandes pièces de seigle promettaient une abondante récolte,
les épis en étaient longs, serrés et·bien remplis.
Nous ne serions pas étonnés, que certains champs
aient rendu plus de 25 hectolitres à l'hectare.

Par contre, les avoines étaient claires et chétives.
Que sont-elles devenues? Nous l'ignorons! Mais on
doit se rappeler que l'an dernier, au moment de la
visite, beaucoup d'avoines étaient dans cet état,
même dans de bons terrains très-bien cultivés.

Les blés étaient superbes par places et tout à coup
clairs et chétifs à côté : il n'en pouvait être autrement, le terrain était de défriché récent et venait
d'être nivelé ; mais cela prouve aussi qu'avec un
peu de travail, de soin et de temps, les blés vien-
dront bien.

Quant aux fourrages, une moitié était bonne ;
l'autre nous a paru très-inférieure, elle était du
reste très-difficile à juger : c'était une pièce de sainfoin et de pimprenelle de deuxième année, qui venait d'être tondue de près par les moutons. Cependant votre commission a vu avec le plus grand
intérêt un hectare de luzerne qui, un peu plus li-
béralement traité que le reste, donnait de bons
résultats.

Mais pourquoi ce singulier contraste entre les

cultures d'une même exploitation, dans des terrains
de qualité sensiblement égale ?

C'est que M. Ponsard professe cette doctrine,
que partagent d'ailleurs beaucoup d'agriculteurs :
qu'en Champagne il ne faut pas fumer à demi, et
que, quand on manque de fumier, il vaut mieux
mettre à la diète complète quelques parcelles, qu'à
la portion congrue toute la surface. De sorte qu'en
application de ce principe, que pour notre propre
compte et par des raisons théoriques et pratiques
nous approuvons hautement, il a, manquant de
fumier pour satisfaire toutes les cultures, fumé
abondamment certains champs et laissé chômer les
autres. En revanche, par exemple, il profite de
ces champs fumés pour arriver le plus vite possible
aux plantes fourragères, et jamais la troisième
année ne passe sans qu'ils en produisent.

Ce système, M. Ponsard l'a suivi à Omey, et il
lui a bien réussi. Il ne fait donc que réitérer à
Sans-Souci. Mais, pendant qu'à Omey il avait des
prairies naturelles, telles quelles il est vrai, mais
enfin il en avait, et un terrain déjà d'une certaine
valeur; pendant que le canal lui amenait par bateau,
de Vitry-le-François, pour 9,000 fr. de fumier, il
est loin de toutes ces ressources à Sans-Souci. Aussi,
pour hâter le progrès, M. Ponsard a-t-il eu recours
aux engrais industriels. Le tourteau particulièrement lui a donné des résultats qui doivent être
notés ; le guano, au contraire, laisse jusqu'ici
beaucoup à désirer. Quant à la matière animale,
il faut encore attendre avant de se prononcer

Sous le rapport des fumiers, voici du reste où en est Sans-Souci. Il a été fumé :

De 1857 à 1859, avec fumier de ferme.   10 h. »
De 1859 à 1860. . . . .   10 50
Même année avec tourteau de colza à
    raison de 800 kil. l'hectare. . . . .   26 »
Avec matière animale à raison de 5 hec-
    tolitres. . . . .   10 »
                              Total. 56 50

C'est évidemment là un effort énorme, qui explique bien le contraste observé entre les diverses récoltes ; mais ce qui mérite surtout de fixer l'attention des agriculteurs, c'est cet emploi intelligent du tourteau sur défrichés récents, dans lesquels on venait d'enfouir les gazons des savarts ou les feuilles de la forêt.

En effet, si sans mettre de fumier on avait tiré du défriché plusieurs récoltes bonnes ou mauvaises, le tourteau qu'on aurait appliqué ensuite, au lieu d'être payé jusqu'à quatre fois par la première récolte de seigle, l'eût été à peine une seule. Tandis qu'en s'y prenant comme on l'a fait, le ligneux a utilisé le tourteau et le tourteau le ligneux. Seulement, d'après ce que nous venons de dire, il ne fallait pas compter y revenir avec le même avantage. C'est ce qu'a bien senti M. Ponsard : aussi, au lieu de demander à sa terre une seconde céréale, qui aurait compromis l'avenir, il a immédiatement semé des artificielles. Cette manœuvre est plus qu'une bonne spéculation, c'est l'application

d'un principe récemment découvert, principe qui
règle l'emploi des engrais industriels, et dont
M. Ponsard a eu l'heureuse intuition.

Maintenant, Messieurs, examinons quels résultats économiques ont donnés toutes ces opérations.

Disons, avant tout, que partout règnent la méthode, la propreté, la discipline et l'ordre le plus
rigoureux. Avec un tel esprit on ne sera dès lors
pas étonné de trouver une comptabilité claire et
bien tenue. Elle consiste :

1° En un livre-journal où s'inscrivent les recettes et les dépenses ;

2° Le livre des ouvriers, où chacun a son compte:

3°
4°
5°
6°
7° } Le livre de la vacherie, celui de la bergerie,
un autre pour la porcherie, un quatrième
pour les écuries de chevaux, et un cinquième pour la culture proprement dite :

8° Un grand-livre, sur lequel sont reportés les
recettes, les dépenses et les résumés d'inventaires,
qui donne la balance annuelle des frais et des bénéfices de l'exploitation. De plus, il est ouvert un
compte spécial aux améliorations foncières, qui
doivent s'ajouter à la valeur primitive du domaine.

C'est en 1846 que M. Ponsard est entré en pleine
jouissance d'Omey, et qu'il a pris la direction de
l'exploitation qui, jusque-là, avait été conduite par
des fermiers payant pour leur ferme moins de 3
p. 100 du capital d'achat. Depuis cette époque, il

a fait de nombreuses acquisitions, des constructions, et meublé la ferme.

Le compte qu'il établit de toutes ces dépenses
monte à 384,000 fr., représentés comme suit :

1° Acquisition du domaine en 1835.	240,000 fr.
2° Terrains achetés de 1846 à 1858.	40,000
3° Terrains achetés de 1858 à 1860.	35.000
4° Construction et réparations des bâtiments d'exploitation.....	20,000
5° Bestiaux..................	25,000
6° Instruments, équipages et harnais.....................	9,000
7° Irrigations et nivellement, machine hydraulique, endiguements, perrets, le tout supposé achevé.................	15,000
Total.....	384,000 fr.

Mais pour avoir la valeur réelle du capital engagé dans l'exploitation on doit déduire :

1° Indemnité payée par l'État, pour le passage dans les prés du canal de la Marne au Rhin..........	50,000 fr.
2° Valeur du parc et du château...	50,000
3° Les terres achetées de 1858 à 1859, qui, n'étant pas améliorées, n'ont pour ainsi dire rien produit.................	35,000
4° Les irrigations et la machine hydraulique, qui n'ont pas encore sérieusement servi.........	15,000
Total à retrancher de 384,000 fr.	150,000 fr.

Ce qui porterait la valeur productive jusqu'à ce
jour de l'exploitation d'Omey, terres et prés réu-
nis, à. . . . . 234,000 fr.

Or, les comptes de 1852 accusent
    un bénéfice net de.. 10,000

Ceux de 1859, de. 18,000

Et la moyenne de 1852 à 1859 serait
    de.. 12,000

M. Ponsard estime ensuite que, sous l'influence
des améliorations qu'il leur a apportés, 40 hectares
achetés 200 à 300 fr. valent aujourd'hui 2,000 fr.,
ensuite il compte, au même prix de 2,000 fr..
30 autres hectares de l'ancienne propriété, également améliorés par lui, et ne valant au début que
1,000 fr. l'un. — En sorte que la terre d'Omey,
par le fait de ces améliorations, qui datent de
quatorze ans, aurait gagné une plus value de
102,000 francs.

Dès lors, divisant cette plus-value de 102,000 fr.
en 14 annuités de 7,000 fr. chacune, il ajoute cette
somme de 7,000 fr. par an aux revenus ci-dessus.

Ce qui les porte à. . . . . 17,000 fr. pour 1852;
               à. . . . . 25,000 fr. pour 1859;
               à. . . . . 19,000 fr. en moyenne.

Faut-il admettre, avec M. Ponsard, que, par le
fait des améliorations qu'il leur a apportées, des
terrains acquis au prix moyen de 570 fr. valent
aujourd'hui 2,000 fr. et ont, par conséquent,
gagné 1,439 fr.. c'est-à-dire plus de deux fois et
demie leur valeur ? Pour se prononcer, il faudrait

un travail et des recherches, que votre commission
n'a eu ni le temps, ni les moyens de faire.

Faut-il ensuite attribuer tout entière à la dé-
charge de l'exploitation la somme de 50,000 fr.
payée en indemnité pour les terrains pris par le
canal? N'y a-t-il pas eu quelque dommage, autre
qu'une diminution de surface, causé par ce pas-
sage, dommage dont l'exploitation n'aurait pas eu
à souffrir, et dont la compensation devrait être
représentée par une partie des 50,000 fr.? Maintenant, quelle part faire au dommage? quelle part à
la perte de terrain? C'est encore là une réponse
difficile à préciser.

Mais ce dont la Commission est parfaitement
assurée, c'est que les bénéfices de l'exploitation
d'Omey ont été sans cesse en croissant, et que,
sous l'influence d'améliorations successives et
longtemps prolongées, la propriété a acquis une
plus-value réelle. Ce qui nous donne cette convic-
tion, c'est l'accroissement du bétail et des produits.

Ainsi, Omey comptait :

	Moutons.	Vaches.	Chevaux.	Porcs.
En 1852	150	14	8	6
En 1860	350	20	12	10
Différence en faveur de 1860	208	6	4	4

ou plus de 100 p. 100 du poids vif, parce que les
animaux de 1859 étaient bien plus gros que ceux
de 1852.

Cependant la masse de céréales produites s'est

accrue, la culture des betteraves a été créé; l'exportation de toutes ces denrées est bien plus considérable qu'autrefois, pendant que les dépenses ont plutôt diminué qu'augmenté.

Ces faits ne sont nullement douteux, ni même discutables, et le chiffre de 12,000 fr. de revenu net, en moyenne, n'est certainement pas forcé; il est plutôt inférieur, et certainement, avec les améliorations qui sont en cours d'exécution et vont bientôt aboutir, il sera de beaucoup dépassé.

Quant à Sans Souci, la comptabilité y est exactement calquée sur celle d'Oisey.

Comme nous l'avons dit, cette propriété compte 650 hectares, dont 450 hectares de bois, et 200 hectares de terres estimés, tout meublés, 220,000 fr. représentés ainsi :

Acquisition des 650 hectares........	150,000
Bâtiments et chemin............	30,000
Bestiaux......................	10,000
Instruments..................	3,000
Achats de semence et d'engrais.....	8.000
Achats de foin et paille...........	4,000
Dépenses diverses...............	2,000
Dépenses à faire particulièrement pour améliorer les terres........	13,000
Total........	220,000

Or, si de cette somme on retire la valeur des bois, qui serait de 120.000 fr., l'exploitation resterait à 100.000 fr. Maintenant, comment M. Ponsard établit-il ce chiffre? Il calcule qu'il a pour le

moins 300,000 pieds de pins sylvestres, âgés de
vingt à trente ans, donnant au minimum un revenu de 6,000 fr., à raison de 2 centimes par pied
et par an, représentant alors, à 5 p. 100, un capital de 120,000 fr.; puis de 220,000 fr. il retire
120,000 fr., et il lui reste 100,000 fr. pour la valeur
de l'exploitation. Du reste, d'après ses comptes, que
nous avons vérifiés, la moyenne des champs qu'il
a achetés en dehors du lot principal ne dépasse pas
150 fr. l'hectare, ce qui rentre bien dans les calculs
que nous donnons ici.

Quant au revenu de la ferme, si on ne tient pas
compte des dix hectares fumés à haute dose en
1857 et 1858 et qui cependant sont enrichis pour
sept ans, les années 1858 et 1859, qui sont les
années de création, se soldent alors, l'une en perte,
l'autre en un très-léger bénéfice. Mais 1860 a
donné plus de 4,000 francs de boni. En 1861,
M. Ponsard est convaincu que la culture sera
complétement établie, les assolements fixés et
les bestiaux portés au nombre de 500 têtes de
bêtes ovines.

Ces espérances n'ont rien de chimérique, car
l'infécondité des terres de Sans-Souci est plus ap-
parente que réelle : c'est surtout par leur position
isolée qu'elles ont péché jusqu'ici ; mais la création d'une route carrossable, dont M. Ponsard est
l'énergique promoteur et presque le créateur unique, changera tout cela. Ces sols en général et
l'exploitation de Sans-Souci en particulier offrent
d'ailleurs de sérieux avantages ; le parcours pour

les bestiaux y est immense, la culture facile, et les frais en sont extrêmement restreints. Rarement en effet la terre y est assez détrempée pour ne pas permettre une façon quelconque, qui utilise constamment les attelages et les bras. Elle est si aisée à travailler qu'un homme et deux chevaux labourent dans leur journée, avec une charrue de cinq ou six socs, plus d'un hectare et demi. Nul drainage, nul amendement minéral n'y sont utiles, et le sol en lui-même représente un capital presque nul : le fumier qu'on y met en est à peu près la seule valeur, et, comme vous venez de le voir, le fumier donne de bons résultats.

C'est donc là une belle opération : belle comme affaire, plus belle encore comme exemple, et, de même que dans des pays plus riches et surtout plus peuplés, M. Ponsard a entraîné les agriculteurs et qu'il entraîne les propriétaires dans son orbite : il va porter cet élan dans des contrées abandonnées, il va en quelque sorte leur donner la vie, en enseignant aux malheureux possesseurs de ces vastes surfaces en apparence ingrates, que, loin d'être pauvres et déshérités comme ils l'ont cru jusqu'à présent, ils possèdent une mine riche qui, pour être et paraître telle, n'attend que d'être exploitée.

Voilà, Messieurs, les grands titres qui valent à M. Ponsard les sympathies publiques! Mais sont-ils du genre de ceux que la prime récompense? La Commission ne l'a pas pensé. Pour la prime il faut diriger par soi même et dans tous ses détails une

exploitation dont toutes les parties sont en plein
roulement. Heureusement pour le pays, M. Ponsard ne s'est pas tenu dans ces limites étroites! il
est toujours resté en voie d'enfantements nouveaux;
il a continué à représenter l'avenir plutôt que le
présent ; il a, pour marcher dans sa ligne, remis
en des mains étrangères l'exploitation complète
qui pouvait aspirer à la prime et par là il l'a perdue! Ne le regrettez pas, puisqu'il a rendu plus de
services encore; services que, aux applaudisse-
ments de tous, S. M l'Empereur saura un jour
récompenser dignement!

XXVII

M. CHEMERY

Le concurrent dont nous allons vous exposer les titres considérables n'a pas été, comme le précédent, favorisé en naissant des dons de la fortune. Son intelligence ne s'est pas non plus ouverte aux bienfaits d'une éducation savante et libérale. Non, c'est un brave paysan, né sur le bien qu'il cultive, dans un lieu écarté, dont il n'est pour ainsi dire jamais sorti, mais qui, guidé par un jugement droit et une intuition sûre, soutenu par un esprit d'observation remarquable, une persévérance à toute épreuve et une énergie inconcevable, est aussi un novateur heureux.

Comparé à M. Ponsard, son cercle est plus étroit, ses moyens d'action plus restreints ; mais, proportion gardée, sa valeur est la même. Si l'un est une école brillante où les sujets les plus variés sont traités avec succès, l'autre est un exemple qui s'impose à tout ce qui l'entoure.

C'est en tenant lui-même les cornes de sa charrue, la tête constamment penchée sur ce sol pendant longtemps ingrat, que M. Chemery a fini par
deviner les causes de son ingratitude, et qu'il a
découvert le remède souverain à leur opposer. Longtemps on a ri de lui, on l'a plaint de sa mono-
manie, puis on l'a imité et on l'a applaudi. Un jour,
c'était un mauvais jour, en 1848, il fallait un
maire! On ne s'entendait guère, et tout le monde
se nomma! Un paysan pour maire! passe encore! ça
se voit; mais, un peu après, c'était un conseiller
d'arrondissement, on le nomma encore! ça se
voit plus rarement. Était-ce un pis aller, ou bien
de l'enthousiasme? Peut-être un peu de l'un, peut-
être un peu de l'autre; mais c'était avant tout un
acte habile et sage, car dans cette nouvelle position M. Chemery ne fut au-dessous de personne.
Avec une intelligence remarquable, il arriva vite
à comprendre les grandes affaires et à les discuter
avec un sens exquis. Cependant, qu'on le regarde,
qu'on lui parle, le succès ne l'a pas dévoyé; il est
plus préoccupé, les affaires de la ferme se sont
fort étendues, voilà tout! Il ne peut plus les sur-
veiller d'aussi près dans leurs plus minutieux détails; mais il a deux fils, deux filles et une femme
de sa trempe, qui sont ses aides de camp. Celui-ci
est le chef des cultures, celui-là dirige les étables,
celle-ci a la basse-cour, cette autre tient le ménage,
la dernière va aux champs à la tête des sarcleuses ou
pour diriger la moisson ou les foins. Au besoin, et
pour varier la vie, on change entre soi un peu de

position, ou bien l'on presse sa besogne et l'on se
donne un coup de main ; enfin, on travaille toujours, et toujours gaiement, énergiquement, et
rien ne périclite.

C'est au domaine d'Hution, commune de Moiremont, arrondissement de Sainte-Menehould, que
réside cette heureuse famille. Quant à l'exploitation. elle est tout entière assise au milieu des
gaizes ou grès verts supérieurs, qui, dans les environs de Sainte-Menehould, forment ces nombreux
plateaux découpés par les vallées profondes de
l'Aisne et de ses affluents. C'est la chaîne de l'Argonne, si célèbre par l'énergique et immortelle
résistance qui à Valmy sauva la France.

Au point de vue géologique, peu de roches ont
des caractères mieux tranchés. Constamment, par
sa décomposition, la gaize donne un sable argileux
légèrement calcaire et phosphaté, cédant vite aux
plantes ses éléments précieux. et par cela même
d'une fertilité très-grande, mais de très-courte durée. D'une nature peu perméable, l'eau est à la fois
l'ennemie et l'amie du terrain qu'elle engendre.
Qu'elle y séjourne, que, concurremment avec des
éléments organiques. elle agisse chimiquement, et
bientôt disparaissent les éléments utiles ; que,
mécaniquement et avec une action ménagée, elle
entraîne au contraire la surface non encore épuisée,
tout à la fois elle découvre un sol plus riche que
celui qu'elle emporte, pendant qu'elle va déposer
celui-ci sur des rampes moins rapides auxquelles il
rend une énergie toujours nouvelle.

Ces propriétés, Messieurs, expliquent bien la fécondité du Vallage et la pauvreté des plateaux qui le dominent. D'un côté, l'eau court rapide et entraînante : de là les beaux vergers, les belles vignes, les belles moissons, ces vastes prairies d'une richesse incomparable ; de l'autre, elle dort venimeuse et croupissante : de là ces terrains pénibles aux animaux de trait, ingrats au laboureur, insalubres à l'homme.

Le domaine d'Hution compte 140 hectares, dont 30 participent à ces grands avantages, pendant que 114 subissent ces grands inconvénients ; il en est 6 autres dont on ne parle pas, ce sont des bois.

Suivons M. Chemery dans l'ordre de ses pensées : La richesse de la rampe ne lui avait pas échappé. Si donc le terrain du plateau ressemblait à celui de la rampe, le plateau, de pauvre, deviendrait très-riche. Combien faudrait-il de terrain de la rampe pour améliorer sensiblement celui du plateau ? M. Chemery était jeune quand il fit cette réflexion et se posa cette très-heureuse question. S'il ne l'eût pas été, il eût reculé devant le chiffre ! A ses moments perdus, et il n'en avait guère, il dérobe à son père un cheval, un tombereau et lui-même, et les voilà tous trois de compagnie à prendre de la terre au flanc de la vallée, qui borne le domaine, et à la remonter sur le plateau. 160 mètres cubes à l'hectare, fut le chiffre qui parut suffisant à l'intrépide travailleur. Seulement on n'en devait rien rabattre. Quelques ares d'abord furent ainsi recouverts, et les résultats furent encourageants. Nécessairement, on en discuta beaucoup en famille, et nécessairement aussi on lui donna tort, mais on le laissa faire. Il continua donc ainsi péniblement son pénible métier, et parvint à temps perdu, disait-on, à temps bien employé, dirions-nous, à garnir les 8 hectares du verger et quelques terres encore. Cependant, après dix ans, quand il avait commencé à convaincre son père, et qu'on allait s'y mettre pour tout de bon, celui-ci mourut. C'était en 1835, le bien se partagea : chacun des deux enfants eut 30 à 40 hectares avec sa part de bâtiments et de bestiaux.

Dès lors Chemery n'alla plus seul charrier les terres de la vallée; il fallut bien que domestiques et chevaux vinssent avec lui, au lieu de se prélasser en le regardant faire.

Bientôt les voisins s'en mêlèrent aussi : et, soit préjugé, soit que la veine fût réellement plus efficace, ils vinrent lui acheter de *son engrais*, comme ils disent, à raison de trois sous le tombereau, et lui en achetèrent tant, que tous ensemble ils firent une excavation de plus de 6 mètres d'épaisseur moyenne sur 15 ares de surface. Mais là il fallut s'arrêter, au risque d'entrer dans de magnifiques vergers, qui entourent la place. Cependant, M. Chemery, voyant sa carrière s'épuiser, en chercha une autre.

Dans le domaine, à la partie la plus élevée, il existe, chose assez singulière et anormale au point de vue géologique, un coin de quelques hectares, où, à 30 ou

60 centimètres de profondeur, on trouve un amas
de petits cailloux roulés, d'un calcaire très-dur,
qui pourrait bien être une sorte de falun, au
dire de quelques-uns de vos commissaires. Malheureusement, quoique, au point de vue chimique,
cet amendement soit extrêmement riche et con-
vienne parfaitement au domaine d'Hution, sa
résistance à la décomposition par les agents atmo-
sphériques paraît tellement grande, que nul n'aurait pensé qu'il pût être utilisé. M. Chemery ne
fut pas de cet avis, et, avec son intrépidité à mettre
160 mètres cubes à l'hectare de terre de Vallage,
il continua, sur les mêmes errements, à employer
la nouvelle matière. La quantité vainquit la résistance, et le sable calcaire produisit des effets plus
merveilleux encore et surtout plus durables que
l'amendement premier.

C'est ainsi que plus de 13,000 mètres cubes de
terre de Vallage et de marne dure furent répandus
sur 80 hectares environ. Mais qu'en est-il résulté?
C'est que le domaine, incapable autrefois de donner des seigles un peu passables, produit des blés
et des trèfles dans toute son étendue; que la luzerne vient même magnifique sur les pièces légèrement inclinées.

Mais, Messieurs, quoique considérables déjà, les
efforts de M. Chemery pour modifier son sol ne se
bornèrent pas là : avec les terres du flanc de la
vallée il l'améliorait, avec les calcaires il l'améliorait encore et le perméabilisait, mais pas toujours
assez pour en vaincre la résistance ; il fallait l'é-

goutter et mieux le drainer. Il existait particulièrement une partie plate ou plutôt concave, qui
le préoccupait beaucoup ; là, nulle récolte ne voulait venir, l'assainissement était indispensable.
Aujourd'hui que les effets merveilleux du drainage
sont si bien connus, qu'on sait qu'en pareille
circonstance l'on ne fait aucune dépense qui ne
soit vite et amplement couverte, drainer c'est
chose simple et même vulgaire, en sorte que le
mérite d'un pareil travail n'est pas grand. Mais
quand on juge un homme, il faut se reporter à son
époque; or, au moment où M. Chemery entreprit
ses travaux, le drainage, tel que nous le compre-
nons, était à peine connu en Angleterre et ne l'était
pas du tout en France : il fallait donc avoir recours à
d'autres moyens moins efficaces et plus coûteux,
il est vrai, mais encore excellents.

C'est à l'aide de 3 à 4 kilomètres d'énormes fossés de 3ᵐ,50 en gueule sur 1ᵐ,50 de profondeur, que
M. Chemery égoutta ses pièces, et qu'il en régula-
risa les pentes avec la terre qu'il en tira. Plus tard
encore, quand l'attention se fixa sur le drainage,
n'ayant pas de tuyaux à sa proximité, il draina
quelques hectares avec des pierres, les seuls matériaux qu'il eût à sa disposition.

Certainement, Messieurs, quand on voit ces
immenses travaux, bien qu'avec les moyens nouveaux il y en ait qui ne soient plus à imiter, on ne
peut néanmoins s'empêcher de les admirer et de
penser à quel degré de prospérité arriverait l'a-
griculture en France, si chaque propriétaire cultivateur faisait de pareils efforts.

Mais, peut-être craindra-t-on que M. Chemery
n'ait beaucoup dépensé. Il n'en est rien ! En effet,
les dépenses les plus importantes consistaient en
charrois; or, si on réfléchit que, dans les sols tenaces, il faut beaucoup plus de force que dans les sols
légers, non-seulement parce que le travail est plus
dur, mais encore parce que, pour l'exécuter, on a
bien moins de jours propices dans une même année,
à cause des intempéries qui, se faisant ressentir
plus longtemps dans cette nature de terrain, obli-
gent à presser les façons, on arrive à cette conclusion,
que ces intempéries n'empêchant pas plus là qu'ailleurs les charrois de matériaux, il reste beaucoup
de force et de temps disponibles pour ce genre de
travail. C'est cette force et ce temps que M. Chemery a su utiliser, et en les utilisant il y a non-
seulement gagné les belles et bonnes récoltes dont
nous parlerons plus loin, mais, de plus, il a réduit
la force et le temps primitivement nécessaires, car
les terrains sont devenus moins tenaces et d'un travail plus régulier.

Cependant, pressé de donner une évaluation,
M. Chemery a compté sa marne rendue sur place
à 1 fr. 50 le mètre cube, ses grands fossés à 1,200 fr.
et son drainage à 20 cent. le mètre courant; tout
cela ferait 30,000 fr. environ. Comme entrepreneur
tâcheron, ce serait trop peu; mais, dans les conditions que nous venons d'indiquer, la nourriture
des chevaux et les journées des hommes sont assez
bien payées.

Sauf les prés, dont 15 hectares sont situés sur les

bords de l'Aisne, à 3 ou 4 kilomètres de l'exploitation, et 5 hect. sur la petite rivière de Moiremont, à quelques porté s de fusil seulement des bâtiments. le reste du domaine est à peu près d'un seul gazon.

Il consiste d'ailleurs en :

Terres arables	106	hectares.
Vergers labourables..	8	—
Prairies naturelles..	20	—
Bois, taillis et futaies.	6	—
TOTAL.	140	hectares,

comme nous l'avons déjà dit.

Sur cet ensemble, M. Chemery est propriétaire de :

Terres arables.	84	hectares.
Prairies.	10	-
Bois taillis.	6	—
TOTAL.	100	hectares.

Le complément, 40 hectares, dont il est fermier depuis 1835 par bail renouvelable tous les neuf ans. est la part d'héritage de son frère.

Un des plus graves inconvénients des pays pluvieux, c'est l'extension qu'il faut donner aux bâtiments. Il y a, en effet, si peu à compter sur la durée du beau temps, qu'il vaut mieux tout rentrer, car on peut être assuré à l'avance que, si on fait des meules. on aura toujours une partie de sa récolte perdue par quelque pluie subite et intempestive. A Hution, ce principe est admis depuis longtemps et dans toute sa rigidité.

Le développement des bâtiments est donc considérable, et, à l'âge des constructions, on voit qu'ils ont été agrandis successivement et au fur et à mesure des besoins.

Quoique très-passables, on ne pourrait cependant pas les citer comme des modèles à prendre; c'est là la partie la plus faible. Cependant il ne faudrait pas croire que M. Chemery manque d'intelligence de ce côté : Non ! quelques dispositions heureuses, sur lesquelles nous insisterons tout à l'heure, montreront le contraire; mais il a été lié par l'état ancien et il n'a pas osé prévoir des résultats aussi favorables que ceux qu'il a atteints : en sorte que ses constructions manquent d'unité, parfois de commodité et de cette élégance qui plaît tant et ne coûte rien.

Cependant il y a quelques bons aménagements. Autour d'une vaste cour rectangulaire où l'on peut entrer par trois portes charretières diversement orientées, sont placés quatre corps de bâtiments : à droite et à gauche, parallèlement aux grands côtés, sont d'une part les granges et les bergeries, d'autre part, les étables, les écuries et le logement de M. Chemery. Sur les petits côtés, sont, d'un bout, l'habitation de madame Chemery la mère, une petite distillerie pour le marc de cidre et l'eau de cerise, un pressoir à pommes et le cellier; de l'autre, la porcherie, les genilliers, la laiterie, et au-dessus le grenier pour les grains.

Les fumiers sont en cuvette au milieu de la cour; des fosses à purin sont ménagées dans la place à fumier, elles reçoivent, par des caniveaux

qui partent des écuries, toutes les urines des animaux.

Enfin, une vaste grange ou plutôt un hangar
a encore été construit en dehors de l'enceinte des
bâtiments principaux dont nous venons, à peu de
chose près, de donner l'ensemble. Tout cela oc-
cupe 54 ares.

Comme disposition de détails, nous dirons que
le logement de la famille est simple, complet et
confortable. Autant que possible on a tâché d'en
rapprocher ce qui demande des soins plus minutieux. Ainsi, la volaille, la porcherie, la laiterie,
le four- et les greniers à grains sont d'un côté,
pendant que de l'autre est l'écurie des chevaux ;
la bergerie est en face ; quant à l'étable, qui est ce
qu'il y a de mieux, elle est plus éloignée ; un trot-
toir qui court de ce côté des bâtiments permet de
s'y rendre toujours à pied sec. Puis viennent une
multitude de petites écuries disséminées au milieu
de tout cela, sans beaucoup d'ordre, mais cependant assez commodes pour séparer certains animaux et particulièrement les bœufs, les poulains
et les bêtes malades.

Des pompes aspirantes et foulantes, car les
puits sont profonds, donnent l'eau dans plusieurs
écuries et dans la maison d'habitation. Enfin, en
plusieurs endroits, des hangars, faisant avant-toit,
permettent de sortir sans se mouiller; c'est là où
habituellement se remisent les chariots et les
instruments d'un service journalier.

Quant à l'entretien de ces bâtiments, il y a du

bon et du très-mauvais. Sous ce dernier rapport la part du frère du concurrent peut être remarquée, et jusqu'à un certain point son piteux aspect nuit au reste.

Les constructions neuves figurent pour 40 p. 100 environ dans l'ensemble général. Avec les aménagements divers, elles ont coûté 27,000 fr., dit M. Chemery.

Le nombre des animaux qui peuplent les étables est considérable; on y compte habituellement, en effet, 21 têtes de la race chevaline, 32 de la race bovine, 550 en hiver et 650 en été de la race ovine, 14 à 16 de la race porcine (animaux adultes), 180 à 200 volailles de toutes sortes.

Nous allons passer en revue tout ce contingent.

Les 21 chevaux se divisent en :

Étalon, race percheronne, âgé de 7 ans. .   1
Chevaux hongres, de 4 à 7 ans.   9
Juments, de 3 à 14 ans.   8
Poulains, de 1 à 2 ans.   3

Ces animaux, en général, nés sur la ferme, sont de races percheronne, ardennaise et de pays, pures ou croisées percheronne. Ce sont des bêtes de culture d'un assez bon type, et l'étalon vaut bien de 1,200 à 1,500 fr. C'est un produit d'Hution.

M. Chemery paraît, du reste, avoir beaucoup de goût pour cette spéculation, et s'y entendre très-bien, car il fait dans son mémoire des réflexions très-judicieuses sur ce sujet délicat : il s'y plaint surtout amèrement du peu de soin que dans son

pays on donne à cette branche de l'agriculture,
de l'insuffisance en nombre et en qualité des reproducteurs ; de l'élevage des poulains qui se fait
à l'écurie ; et surtout il s'élève contre la tolérance
qu'on accorde à de détestables étalons coureurs
qui, plus que tout le reste, contribuent à défaire
incessamment ce qu'on produit de bien. Mais il
aurait pu ajouter que la chaîne de l'Argonne est
merveilleusement douée pour élever, encore plus
que pour faire naître des chevaux. En effet, pendant
que la Champagne, ce pays aride, privé d'ombre,
où l'herbe pousse riche, mais menue, est la patrie
presque exclusive du mouton, l'Argonne, avec
ses vergers toujours si frais, qui, à l'instar de ceux
de Normandie, offriraient de si beaux parcours aux
poulains, ses belles et abondantes prairies, paraît
être celle du cheval, surtout quand, à l'instar de
M. Chemery, on en aura amendé le sol, qu'on l'aura
assaini et rendu plantureux.

D'ailleurs, que peut-on y faire de mieux?

Le mouton y prend, à coup sûr, la cachexie: on
ne peut l'y conserver longtemps; c'est une bête
d'expédient, comme nous allons le voir tout à
l'heure.

L'élevage des vaches laitières serait meilleur,
parce que la Champagne, qui en élève peu, en ré-
clame constamment; mais que faire de l'excès du
lait? Le donner aux jeunes mâles pour en faire
des veaux gras? malgré les prix, qui se sont améliorés, c'est encore une pauvre spéculation; en faire
des fromages? ce serait mieux. Quant au bœuf, à

moins de l'employer dans sa jeunesse à cultiver la terre, il est peu profitable; ensuite, dans l'Argonne la terre est trop humide, trop argileuse, elle craint trop d'être corroyée pour pouvoir le porter! Enfin, à cause du peu de jours que ce climat changeant et cette terre hydratable laissent au cultivateur, il est nécessaire que chaque travail s'exécute dans un délai très-court. Le bœuf est trop lent, et l'allure rapide du cheval convient seule pour cela; d'ailleurs la ténacité du sol demande beaucoup d'animaux de trait.

Maintenant faut-il faire naître le poulain et l'élever, ou bien l'élever seulement? Les rampes nombreuses et rapides dont le pays est semé et la compacité du sol sont très-défavorables aux juments poulinières; elles y risquent des *à-coups* qui les font avorter. C'est donc à l'élevage seul qu'il faudrait s'en tenir; et ce que nous vous disons là est si vrai, que M. Chemery, qui compte 21 têtes adultes de la race chevaline, n'a pas plus de 8 juments. Mais alors où acheter les poulains? Si la Champagne, comme nous vous l'avons dit, présente de grands inconvénients pour l'élevage, il n'en est pas de même pour la production : le terrain, à l'inverse de celui de l'Argonne, est plat et léger; les poulinières peuvent y travailler jusqu'au jour du part, sans danger, sans fatigues. C'est donc dans la Champagne que devrait être la source intarissable où les cultivateurs de l'Argonne viendraient puiser leurs poulains d'élevage : ils les y prendraient au sevrage, et les conserveraient jusqu'à cinq ou six ans

pour les revendre ensuite, après s'en être servi
pendant trois ou quatre ans.

Ce point de vue mérite d'être signalé, et certainement, si S. M. l'Empereur le connaissait, lui
dont le seul désir est de voir la France prospère
et forte, il ne manquerait pas de le faire étudier.

Certainement, Messieurs, les concours ont pour
l'agriculture une importance considérable, mais
ils en prennent une immense, quand leurs juges,
comme vous l'êtes, mettent au rang de leurs premiers devoirs l'étude des intérêts généraux du pays.

Quant à la race bovine, sans être de Durham ou
d'Ayr, comme nous l'avons trouvée si bien représentée à Omey, elle est encore excellente; c'est aux
types de l'Oberland bernois, du Schwitz, du Glane
ou de leurs croisements qu'elle emprunte son sang;
et, suivant les saisons, Ilution compte de 32 à 36
têtes de bétail rouge, se répartissant ainsi :

Vaches adultes..............	14
Génisses de 8 mois à 2 ans....	6 à 8
Veaux à élever ou engraisser..	3
Bœufs de travail............	4 à 6
Bouvillons de 12 mois........	2
Taureaux de 18 à 36 mois.....	2
Taurillon de 8 à 16 mois......	1
Total............	32 à 36 têtes.

Ces animaux sont très-bien tenus, on pourrait
presque dire avec amour, car M. Chemery y met
presque autant de coquetterie que M. Ponsard.
Mais un taureau et deux vaches du Glane ont

particulièrement frappé l'attention de la Commission. Le taureau, qui, du reste, avait seul concouru, a remporté le premier prix à Troyes, et très-probablement , sans la supercherie d'un concurrent jaloux, qui a trouvé moyen de persuader à M. Chemery que son animal ne pouvait plus concourir, il l'aurait remporté à Paris s'il y était allé; car c'est celui du concurrent en question qui y a obtenu la première prime. Or, la Commission, qui a vu les deux animaux, ainsi que le jury de Troyes, donne de beaucoup la préférence à celui de M. Chemery.

Mais, Messieurs, c'est souvent dans les détails infimes qu'on juge le mieux les hommes; aussi, pour vous éclairer davantage sur le compte de la famille Chemery, permettez-nous de vous raconter une petite historiette. Il y a quelques années, on faisait grand bruit de la race du Glane : non sans une certaine perspicacité, le comité d'agriculture de Sainte-Menehould résolut d'en faire venir quelques taureaux; il nomma donc une commission *ad hoc* pour aller sur place acheter ces animaux. Une fois les animaux achetés, il fallait les ramener, et pour cela un fouetteur était indispensable.

Or, un bon berger aurait bien fait l'affaire; mais le comité avait compté sans le fils aîné de M. Chemery, gaillard alors de dix-neuf à vingt ans, qui, lui aussi, voulait examiner de près la race du Glane, et peut-être voir du pays sans bourse délier. A force de diplomatie et un peu pour la

confiance qu'il méritait, le comité se laissa séduire.
Cependant le père, de peur d'accident, avait de
son côté garni la poche de son fils : mais celui-ci
en abusa, il acheta sournoisement deux charman-
tes génisses pleines et les ramena à Hution. Le premier produit qu'elles donnèrent fut le beau taureau
dont nous venons de vous parler: quant aux vaches, elles sont réellement très-belles, et nous pouvons vous certifier, que leur acquéreur a de l'œil,
de l'initiative et qu'il chasse de race.

Quant au reste de l'étable, ce sont des animaux
vraiment laitiers ; ils donnent de 3 à 3,5 fois leur
poids de lait par an.

Ce lait sert à nourrir des veaux gras, qui s'é-
coulent sur Paris, des porcelets que la contrée
recherche, à faire du beurre, et aux besoins de la
maison. Cependant nous devons ajouter que l'élevage des animaux laitiers se fait aussi sur une certaine échelle, et, pour les vendre, c'est en Champagne que M. Chemery trouve tous ses clients.

Quant aux bœufs de travail, on les engraisse au
fur et à mesure qu'ils sont en âge et ont suffisamment servi.

Le troupeau est d'origine champenoise, et très-
fréquemment renouvelé, à cause de la cachexie
à laquelle la race ovine est très-sujette dans ces
contrées humides, où les fourrages sont aqueux.
Il ne faut donc pas s'attacher à celle d'Hution, elle
est trop variable ; il y faut voir surtout une occasion
de profits et de fabrication de fumier. Cependant,
bien qu'on renouvelle souvent, on élève toute-

fois les agnelles et on les conserve, en général, jusqu'à ce qu'elles aient produit un ou deux agneaux.

Lorsque la Commission a visité l'exploitation, voici du reste comment était composé le troupeau :

Brebis ayant déjà porté............	150
Agnelles de la dernière gestation.....	130
Agnelles de un an................	120
Brebis de deux ans prêtes à porter....	110
Agneaux de la deuxième gestation....	95
Moutons........................	40
Béliers mérinos..................	2
Total......	647

A l'hiver on vend les moutons et une partie des agneaux, ce qui réduit le troupeau normal à 552.

La valeur moyenne de ces animaux est environ de :

150 à 160 fr. pour les béliers;

25 à 30 fr. pour les brebis;

35 à 40 fr. pour les moutons, suivant leur état d'engraissement.

Chaque tête rapporte environ de 1kil.,3 à 1kil.,4 d'une laine assez bonne, qui se vend en moyenne de 5 à 6 francs le kilo. L'accroissement et le gras peuvent en donner autant, ce qui porte le produit brut à 8,000 ou 9,000 francs. Certainement c'est là un joli chiffre, qui nous fait comprendre qu'un peu d'entraînement vers le mouton est bien permis et même commandé, surtout dans le voisinage de la Champagne, et à cause de la supériorité qu'a le fumier de mouton sur celui de tous les autres animaux, particulièrement dans les terrains humides.

La porcherie compte 14 à 16 têtes d'animaux adultes des races Yorkshire et Berkshire avec leurs croisements. Ces animaux sont très-beaux ; quelques-uns sont livrés à la reproduction, les autres destinés à l'alimentation de la maison. Le trop-plein des porcelets produits est enlevé avec prime par le voisinage. La porcherie peut rapporter 1,600 à 1,700 francs.

La basse-cour est garnie de 180 à 200 volailles de toutes sortes, parmi lesquelles on remarque des oies de Toulouse, des poules cochinchinoises et des brahmapoutra, le tout plus ou moins mélangé. Pourquoi donc ne pas s'en tenir comme chez M. Ponsard à une seule espèce ou à deux au plus de taille très-différente? Mais là M. Chemery n'est pas le maître, c'est du domaine de madame, n'empiétons pas !

Tout ce bétail représente environ 55,000 kil. de poids vif, c'est-à-dire 500 kil. par hectare de terre arable.

Maintenant, passons aux cultures. A Hution deux choses graves nuisent à leur complet développement : c'est, d'une part, la difficulté du sol ; de l'autre, le défaut de main-d'œuvre. Après avoir opposé à la difficulté du sol les amendements puissants et les assainissements, on l'a encore combattue avec les charrues Dombasle, les scarificateurs énergiques, les herses de toutes sortes, les rou-

leaux les plus lourds, et, jusqu'à un certain point, on
a réussi. Mais quant au défaut de main d'œuvre,
c'est autre chose ! Et pourtant là, plus qu'ailleurs,
elle est utile, et plus elle est utile, plus aussi elle
semble manquer. Autrefois les Lorrains, dont la
moisson était plus tardive, venaient en Argonne
pour donner un coup de main ; les Belges entre-
prenaient volontiers quelques fauchages : Belges et
Lorrains ont disparu, et l'on reste livré à ses
propres forces. Nul plus que M. Chemery ne sent
ce mal extrême, dont tous les candidats se plaignent
amèrement : mais lui, à la manière dont il s'ex-
prime dans son Mémoire, on voit qu'il l'a observé
avec une attention anxieuse, et qu'il en a cherché
les causes ; mais, malheureusement, pas plus que
tous les autres aussi, il n'y a trouvé de remède
efficace.

Que pouvait-il donc faire dans une telle position ? Devait-il tenter les cultures sarclées avec des
instruments ou s'en tenir à la jachère ? Les instruments ont été essayés, ils sont au grand complet
à la ferme d'Hution, on s'en sert même encore
tous les jours ! Mais, comme dans toutes les terres
humides et lourdes, ce sont des pis-aller, ils sont
restés infidèles, leur action a toujours été si in-
complète, que la main de l'homme a dû toujours
lentement repasser derrière eux ! Cependant la jachère est si répugnante, et, à tort ou à raison,
si déshonorée ! Peut-être devait-on restreindre les
plantes sarclées et semer quelques plantes hâtives
au lieu de faire jachère ? Mais l'herbe parasite en-

vahit si vite ce genre de terrain, qu'on ne saurait
plus ensuite comment l'extirper ! Évidemment, dans
cette confusion, l'esprit reste perplexe et l'on préfère n'être pas consulté, pour n'avoir pas à répondre. Cependant. de tous les partis, M. Chemery a
pris le moins mauvais. Il a fait un peu de jachère
(ce qui lui a facilité la conduite de son fumier,
les réparations et l'ameublissement de son terrain),
tout ce qu'il a pu, dit-il, de plantes sarclées, assez
d'artificielles d'hiver et de printemps, hâtives ou
tardives, et il a beaucoup usé de l'extirpateur pour
prévenir l'envahissement des herbes. Ainsi, après
avoir prélevé 6 hectares pour les luzernes, il a
ensuite divisé les 108 autres en 9 soles de 12 hectares chacune et y a établi l'assolement suivant,
qui est bon, mais auquel nous préférons cependant celui de M. Bernaudat, qui supprime toutes
les jachères sans augmenter de beaucoup les plantes sarclées, et ce qui, eu égard au terrain, ne
l'empêche pas d'avoir de belles récoltes.

1re année. Fumure pleine.   Jachère au soleil.

2e année. . . . .   (4 hectares, colza.
                     (8 hectares, blé.

3e année. 3/4 fumure. . . .   Avoine, 12 hect.

4e année. . . . .) 9 hect., trèfle ordin.
                     (3 hect., lupuline.

5e année. 3/4 fumure. . . .   Blé, 12 hect.

6e année. . . . .   (4 hect., orge pur.
                     { 4 hect., seigle et lentil-
                           lat, pour fourrage
                           sec.

6° année. . . . . { 4 hect., orgeat (mélange orge, avoine,
lentilles) pour four-
rage sec.

7° année, fumure pleine. . { 6 hect., racines diverses et féveroles.
6 hect., seigle en vert
et autres fourrages
hâtifs.

8° année. . . . . Blé, 12 hect.

9° année. . . . . Avoine, 12 hect.

Si on étudie cet assolement au point de vue du
travail qu'il demande à la terre, on trouve qu'il
donne 30 p. 100 de la surface totale en cultures
nettoyantes, améliorantes et fourragères, savoir :

Cultures améliorantes, { 12 jachère.
32 hectares, dont : 12 artificielles tardives.
2 féveroles.
6 artificielles hâtives.

Cultures fourragères, { 4 seigle et lentillat.
30 hectares, dont : 4 orgeat.
4 racines diverses.
12 artificielles tardives.
6 artificielles hâtives :

Cultures nettoyantes, { 12 jachère.
32 hectares, dont : 4 racines.
4 colza.
2 féveroles.
6 fourrages hâtifs.
4 seigle.

Nous plaçons les fourrages hâtifs et le seigle parmi les cultures nettoyantes, parce que, comme on en est débarrassé de bonne heure et dans le bon temps, on scarifie ensuite fortement les champs, et l'on en fait disparaître ainsi les mauvaises herbes, presque aussi bien que par des sarclages, toujours plus ou moins incomplets dans ces terres difficiles.

Mais, un détail sur lequel nous appellerons l'attention du jury, c'est la manière dont les cultures, les semailles et les récoltes se succèdent de façon à toujours employer les attelages et la main-d'œuvre disponibles. C'est là une grande question qui n'a pas échappé à M. Chemery.

Enfin, deux points capitaux que nous signalerons encore au jury, c'est le mode de fumure et de fabrication du fumier. Sur neuf années, les terres rapportent huit fois, et sont fumées quatre à peu près complétement. Dans les conditions climatériques, géologiques et agricoles d'Hution, cette méthode est excellente. En effet, dans un pays où, par suite des intempéries et de la ténacité du sol, le chômage dans le travail des terres est fréquent, où le nombre des animaux de trait est par contrecoup considérable, il faut savoir utiliser ce temps et cette force perdus, et la conduite fréquente des fumiers en donne un moyen des plus efficaces. C'est pour ainsi dire quand il n'y a rien à faire de mieux que l'opération s'exécute; mais, pour qu'elle soit possible, il faut que constamment il y ait des champs débarrassés et habiles à recevoir le fumier. En cela, l'assolement a donc une grande influence, et celui de M. Chemery, sous ce rapport, ne laisse encore rien à désirer. Maintenant, ces fumures, moins abondantes mais plus souvent répétées, conviennent-elles autant que des fumures plus abondantes mais plus rares ? C'est là une question bien autrement importante que la précédente, et, pour y répondre, il faut consulter la capacité de la saturation du sol. Qu'en Champagne, sur des terrains très-calcaires, on accumule tout à coup des masses de fumier ; c'est très-bien ! Ils en recevraient cent fois plus qu'ils n'en perdraient pas un atome ! Mais dans l'Argonne, c'est autre chose ! là l'agent conservateur fait défaut, dès lors la capacité de saturation est faible. Il faut donc peu de fumier pour la satisfaire, car l'excédant se perdrait presque entièrement. C'est ce qu'a encore deviné M. Chemery.

Mais de quelle nature est le fumier qu'il emploie ? Comment le fabrique-t-il ? Il en parle avec une certaine insistance dans son Mémoire, donc il y tient ! mais il le fait en termes très-obscurs :
« Ces fumiers, dit-il, parfois mélangés entre eux
« ou répandus isolément, sont conduits aux champs,
« quand il s'est en eux opéré une première phase
« de fermentation, imprégnant d'une manière à
« peu près uniforme *toutes les pailles* qui les com-
« posent, et quand la matière animale qui les con-
« stitue essentiellement *a subi une sorte de décom-*
« *position préalable qui les prépare à une assimilation*
« *toute prochaine dans le sol.* »

Pour un homme aussi net, la phrase est bien

alambiquée, pour dire tout simplement : qu'il préfère aux fumiers longs et pailleux de la Champagne, des fumiers plus consommés. Pourquoi cette timidité chez M. Chemery? Craint-il d'être appelé hérétique et relaps, parce qu'il a osé rompre en visière avec la méthode champenoise, la loi suprême de ces contrées? Cela pourrait être! bien plus : cela est! car, lors de la visite, il s'est excusé de sa hardiesse. Mais si M. Chemery est timide, qui donc autour de lui sera courageux? Pourquoi être ainsi l'esclave d'un préjugé? C'est que l'on ne se rend pas bien compte de ce que l'on doit faire.

C'est une question grave, Messieurs, pour l'Argonne et la Champagne, que celle des fumiers courts ou des fumiers longs, des fumiers passés ou des fumiers récents; permettez-nous donc de dire notre avis là-dessus. Si vous l'approuvez, il en acquerra une autorité plus grande et par cela même plus utile!

En Champagne, en employant des fumiers longs, pailleux, récents, on poursuit trois buts très-importants, qui, s'ils n'étaient pas atteints, replongeraient le pays dans son infécondité native.

1° On préserve d'abord la matière riche du fumier d'une oxydation trop vive : oxydation qui, dans des terrains aussi perméables, aussi aérés, ne manquerait pas d'avoir pour conséquence ultime une déperdition plus ou moins grande de la matière utile.

2° On décompose la craie, qui forme le sous-sol,

et on recrée une terre nouvelle, qui remplace celle
que les pluies entraînent constamment.

3° On régénère, à l'aide de cette terre nouvelle,
des éléments minéraux utiles, indispensables, que
la végétation tend à faire rapidement disparaître
de terrains aussi pauvres.

Tel est le but, telles sont les conséquences capitales du mode de fumure champenois. C'est
une ce ces routines précieuses, qu'on appelle de la
science, une fois qu'on en a découvert les secrètes
raisons! routine dont il faut bien avoir garde de se
départir dans les terrains crayeux et même dans
les sols très-perméables.

Mais qu'on suive une pareille méthode, dans
des terrains compactes en même temps que peu
calcaires, aussitôt elle devient un poison.

Dans ces terrains, en effet, l'air manque déjà,
et on l'utilise à brûler du ligneux au lieu de le
laisser agir sur la matière organique précieuse
qui, pour s'assimiler aux plantes, a aussi besoin de
son action ; le calcaire fait défaut, et on le laisse
entraîner par l'acide carbonique, que le ligneux
produit en abondance. Ainsi, perte sans profit de
ligneux perte de calcaire, immobilisation du fumier, tel est l'effet produit.

C'est ce que M. Bernaudat a su si bien voir et
dire ; quant à M. Chemery, il l'a exécuté hardi-
ment, mais dit bien timidement, il n'a osé s'en faire
un titre important à vos yeux : c'est à nous qu'il
a laissé cette tâche ; nous la remplissons de grand
cœur !

Les prairies naturelles sont toutes de premier
ordre comme abondance et qualité ; une année
seulement sur trois, elles sont coupées deux fois ; les
autres années, les bestiaux les pâturent après la
première herbe. Les 5 hectares situés sur la
rivière de Moiremont sont arrosés avec soin ; les
15 hectares sis dans la vallée de l'Aisne doivent
leur fertilité aux débordements de la rivière, qui
y dépose le limon fertile enlevé aux coteaux voisins. Mais, ainsi que M. Ponsard, M. Chemery se
plaint des crues intempestives qui, depuis quelques
années surtout, viennent avarier les récoltes. C'est là,
Messieurs, une question très-grave, car les plaintes
sont générales sur beaucoup de grands cours d'eaux.
Le service hydraulique a-t-il bien réfléchi qu'en
poussant avec tant d'insistance au curage et au re-
dressement des petits ruisseaux, il aurait dû d'a-
bord agrandir le débouché des grandes rivières.
C'est là une grosse affaire ! il n'y a pas lieu de la
traiter ici, aussi ne la jetons-nous qu'en passant ;
mais M. Chemery y insiste plus que nous. et il fait
la demande d'un canal latéral, tant pour aider à
dégorger l'Aisne, que comme voie de transport
économique, voie dont son pays a le plus grand
besoin : cette demande mérite d'être étudiée par
les autorités, qui veillent avec tant de soin à la
prospérité de ce département.

Nous vous avons déjà dit qu'outre les 20 hectares de prés, il y avait encore 6 hectares de luzerne.
C'est là une création qui mérite d'être notée, dans
un pareil terrain ; c'est grâce à ses amendements

que M. Chemery a pu y arriver, et c'est à l'aide
de hersages répétés et d'arrosages au purin, qu'il
les entretient dans un grand état de propreté et
de fécondité.

Sauf les colzas et les betteraves, qui se ressen-
taient de l'année partout peu favorable, toutes les
récoltes étaient belles et régulières, malgré l'inégalité initiale du terrain d'Hution, inégalité que
le concurrent est parvenu à dominer complète-
ment.

Voici, du reste, l'estimation très-approximative
des récoltes pour les années moyennes. C'est non-
seulement en expertisant les champs, mais encore
en se reportant à des rendements obtenus et pesés
avec soin, dans des conditions agricoles presque
identiques, que la Commission est parvenue à
établir les chiffres suivants, chiffres que M. Chemery n'avait pu fixer exactement lui-même, surtout
pour les fourrages, parce qu'il n'a pas de bascule.

	Hectares		Hectolitres	Hectol.
Blé................	32	à	20 font	640
Avoine............	24	à	30	720
Orge..............	4	à	18	72
Seigle battu légèrem.	4	à	15	60
Colza.............	4	à	16	64
Féveroles.........	2	à	18	36
			Kilogr.	Kilogr.
Prairies naturelles..	20	à	5,000	100,000
Trèfle ordinaire.....	9	à	7,000	63,000
Minette à une coupe.	3	à	3,500	10,500
Luzerne à trois coupes	6	à	8,000	48,000

	Hectares.	Kilogr.	Kilogr.
Fourrages verts (supposés secs)......	6 à	5,000	30.000
Orgeat...........	4 à	5,000	20,000
Betteraves........	1,50 à	27,500	40,000
Carottes..........	1 à	17,500	17,500
Pommes de terre....	1,50 à	16,000	24,000
Paille de seigle et lentillat........	4 à	5,000	20.000
Pailles diverses, autres que la précédente. calculées sur les rendements en grain...........................			230.000
Menues pailles de céréales et colzas...			40,000
Cidre...........................			45 hect.
Fruits à pepins et à noyau, eaux-de-vie de marc de pommes ou de cerises, vendus ou consommés, environ...........			1,000 fr.

Mais un fait qui avait frappé la Commission et qui doit également frapper le jury, c'est la proportion considérable de bétail, et de bétail bien entretenu, qu'on nous a présentée à Hution. Or, malgré les beaux rendements en fourrages que nous venons de constater, et qui sont dus au soin qu'a M. Chemery de les fumer toujours, soit directement, soit dans l'année qui les précède, nous avions, si ce n'est conçu des doutes, cru du moins qu'il était urgent de vérifier si un poids de 55,000 kilos de bétail pouvait être nourri par les 56 hectares de cultures fourragères diverses, que nous venons d'inventorier, les menus grains et le parcours de la ferme. Nous nous sommes donc livrés sur ce

sujet à des investigations minutieuses et directes ;
mais, de plus, nous avons fait les calculs suivants,
dont les bases ont été empruntées à l'illustre Boussingault, notre maître à tous, non-seulement parce
que chacun connaît sa rigueur, mais encore parce
que son domaine de Bechelbronn, où il a fait ses
célèbres expériences, est assis sur un terrain, qui
ne manque pas d'analogie avec celui d'Hution ;
bases du reste, que nous avons corrigées en tenant
compte autant que possible des conditions spéciales, qui différencient les deux exploitations. De
plus, nous avons admis qu'avec un troupeau de
550 à 650 têtes ovines et de 32 bêtes à cornes,
auxquelles on abandonne 15 hectares d'excellentes
prairies après les premières herbes, 3 hectares de
minette et un parcours varié et plantureux, le pâturage pouvait représenter le tiers de la nourriture
totale; pendant que dans de semblables conditions
et avec cette nécessité des fumiers courts, la
paille pour litière pouvait être réduite, avec avantage, à 0,80 pour 100 par jour du poids des animaux pendant toute l'année.

Dès lors, d'après ces données, Hution, pour entretenir ses 55,000 kilos de bétail vif, doit rentrer
dans ses granges, greniers et étables, 440,000 kilos de foin normal ou son équivalent et 160,000
kilos de paille pour litière ; car, en admettant qu'un
animal consomme par année 12 fois son poids de
foin normal ou son équivalent, on a pour la consommation totale $55,000 \times 12 = 660,000$ de
foin ; mais, puisque les animaux trouvent le tiers

de leur nourriture au pâturage, l'alimentation à l'étable reste aux deux tiers de 660,000 kilos, ou à 440,000. Quant à la paille pour litière, elle est égale à

$$\frac{55.000 \times 0,80 \times 265}{100} = 160,300.$$

Voici le tableau qui résume tous ces calculs :

1° Foin	100,000 kil.	par l'équivalent	1,00	100,000
2° Trèfle	65,000	—	1,25	78,750
3° Minette	10,500	—	1,30	13,650
4° Luzerne	48,000	—	1,25	60,000
5° Fourrages verts . . .	30,000	—	1,30	39,000
6° Orgeat	20,000	—	1,50	30,000
7° Seigle et lentillats . .	20,000	—	0,75	15,000
8° Betteraves	40,000	—	0,25	10,000
9° Carottes	17,500	—	0,25	4,375
10° 2/3 des pommes de terre	16,000	—	0,33	5,250
11° Féveroles	2,700	—	3,00	8,100
12° Orge et blé	3,160	—	3,00	24,480
13° Avoine	28,500	—	2,00	57,000
14° Menues pailles diverses	40,000	—	0,75	30,000
15° Paille disponible . . .	60,000	—	0,33	20,000
		Total de l'équivalent foin normal . . .		496,235

Ainsi, après avoir prélevé la paille pour litière, Hution fournit 496.235 kilos d'équivalent foin, au lieu de 440,000, qui sont indispensables ; il y a donc un stock de 56,000 kilos, qui peut être et est vendu sous forme d'orge, avoine, seigle ou féveroles, représentant un poids réel de 24,000 kilos environ de ces diverses denrées, qui, à raison de 15 fr. les 100 kilos. valent 3,600 fr.

Mais, une fois ces points élucidés, il devenait

facile d'apprécier très-approximativement la quantité de fumier normal produite et répandue chaque
année sur le domaine. Elle est comprise entre un
minimum donné par le poids de la nourriture con-
sommée à l'étable, multiplié par le coefficient admis 2,5, et un maximum qui est donné par le poids
des animaux multiplié par un autre coefficient
dans lequel on tient compte, ce que l'on ne fait
pas dans la méthode précédente, du temps qu'ils
passent à l'étable, pendant la saison du pâturage,
où, bien qu'ils n'y consomment rien ou presque
rien, ils apportent cependant toujours quelque
petite chose : ce coefficient nous semble être ici
de 22 ; le fumier produitserait donc au minimum
égal à 440,000 multiplié par 2,5, ce qui fait 1,100,000
et, au maximum, à 55,000 multiplié par 22, ou
1,210,000.

Bien que nous inclinions plutôt à prendre le
maximum, parce qu'il tient compte d'un effet évident que l'autre méthode néglige, on arrive, en
prenant la moyenne, à cette conclusion que :
chaque année, le domaine d'Hution reçoit au moins
10,000 kilos de fumier normal à l'hectare. C'est
là un beau chiffre, quand surtout il est obtenu
sans industrie aucune, et sans emprunt d'aucun
engrais industriel : et il explique bien les succès
que nous venons de signaler.

Maintenant, quels résultats économiques produisent toutes ces opérations ? Nous dirons tout à
l'heure ceux qu'ils ont produits ; il n'y a pour cela
qu'à établir le point de départ et le point d'arrivée ;

mais pour répondre directement à la question que nous posons, il faudrait une comptabilité en règle, et si M. Chemery se rend des comptes, il n'a pas pour tout cela une comptabilité.

« Il ne m'était pas possible, dit-il, dans les conditions d'administration, de direction et de travail au milieu desquelles j'ai passé ces vingt cinq années, de formuler une comptabilité de détail qui m'eût absorbé un temps trop précieux, temps qui encore ne m'appartenait pas tout entier, car j'étais obligé de le partager entre les devoirs du cultivateur et les fonctions aussi ardues qu'honorables d'administrateur municipal. »

Nous pouvons, nous devons le regretter, Messieurs ! mais, au fond, comme la chose est vraie, permettez-nous donc alors de plaider ici les circonstances très-atténuantes en faveur de M. Chemery, et de tâcher de remplacer par *des à peu près* de notre façon son insuffisance sous ce rapport.

Établissons d'abord les dépenses. Pour simplifier, nous admettrons, que les animaux se renouvellent par eux mêmes ou par voie d'échange, ce qui est généralement vrai ; ensuite qu'ils sont nourris gratuitement par l'exploitation ; mais que, par contre, ils lui rendent leur fumier, leur travail et leurs produits ; dès lors nous ne compterons pas en recette ce qu'ils consomment. Mais nous ferons entrer dans les dépenses les mains-d'œuvre des personnes, telles que charretiers, bergers, moissonneurs, sarcleurs, faucheurs, batteurs en grange, laboureurs, manœuvres, vétérinaires, etc.; puis les frais d'entretien et renouvellement des outils, machines et harnais, ainsi que le ferrage des chevaux ; enfin, l'intérêt du mobilier engagé et le loyer de la ferme.

C'est en tenant compte du prix des mains-d'œuvre dans le pays et des diverses façons, que reçoivent les terres, depuis le labour jusqu'au battage des grains, depuis les soins donnés au bétail jusqu'à l'épandage des fumiers, que nous avons établi ce compte, sans jamais perdre de vue, toutefois, ce qui se passe et ce qu'on dépense pour tout cela dans des exploitations analogues à celle-ci par le genre de spéculation et la nature des terrains.

1° Travail des personnes dans les terres arables, les prés et les vergers, ou dans les granges et greniers, depuis la conduite et l'épandage des fumiers jusqu'à la rentrée des récoltes et leur mise au grenier ; compté à raison de 50 fr. par hectare (le compte limite donne 45 fr.), ce qui fait pour 134 hectares....................   6,700 fr.

2° Travail des personnes dans les étables, depuis la femme qui trait les vaches et donne à manger aux porcs, jusqu'aux bergers, aux charretiers et à ceux qui déblayent les fumiers, à raison de 50 fr. par 100 kilos de bétail vif, fait pour 55,000 kilos..........   2,750 »

3° Réparation et renouvellement des machines, outils, instruments et harnais, ainsi que ferrage des chevaux. .   1,550 »

à reporter....   11,000 »

                                Report....   11.000 »

4' Faux frais imprévus comptés à
raison de 9 p. 100, au lieu de 10 p.
100, parce qu'on a déjà forcé les dépenses des champs..............   1,000 »

Total des frais des personnes et réparations......................   12,000 fr.

Frais de semences, estimés, dans les conditions
de M. Chemery, le double des semences de blés,
qui montent à 1,280 fr., soit........   2,560 fr.

En effet, le détail donne :

	Hectares.	Hectol.					Fr.
Blé...	32	à 2 par hectare,	à 20 l'un.	1,280 fr.
Avoine	24	à 2,50	id.,	à 7 50 id.	450 »
Orge..					
Seigle.	16	à 2,25	id.,	à 12 » id.	432 »
Orgeat					

Trèfle......   9,00
Minette.....   3,00
Artificielles
   hâtives. ...   2,00
Féveroles...   2,00   Total 21 hectares,
Pommes   de   à 15 fr. de graine
   terre......   1,50   l'un dans l'autre.   315, »
Betteraves. .   1,50
Carottes....   1,00
Luzerne, par
   an.........   1,00

Total des frais de semences......   2,177 fr.
En nombre rond...............   2,500 fr.

Loyer de la ferme calculé sur le prix des 40 hectares de terre loués par M. Chemery, 2,000 fr., et des 10 hectares de prés loués, 1,700 fr.

Loyer des 20 hectares de prairie (à 170 francs l'un).......................... 3,400 fr.

Loyer de 114 hectares de terres arables (à 66 ou 67 fr. l'un). .... 7,600 »

Total des frais de loyer. .... 11,000 fr.

Intérêts à 5 p. 100 sur un mobilier de ferme de 45,000 francs, se décomposant ainsi :

Bestiaux...................... 29,500 fr.

Outils , harnais et instruments (M. Chemery n'en compte que pour 4,250 fr.) .... 5,000 »

Le tiers environ des produits disponibles, mais encore invendus........ 10,500 »

Total. .... 45,000 fr.

Dont l'intérêt est de............. 2,250 fr.

Ainsi, les dépenses se résumeraient en :

1° Travail des animaux de trait.... Mémoire.

2° Frais d'exploitation (pour les mains-d'œuvre)................... 12,000 fr.

3° Frais de semences............ 2,500 »

4° Loyer du domaine............ 11,000 »

5° Intérêts du mobilier engagé.... 2,250 »

Total des frais. .... 27,750 fr.

Quant aux produits qui doivent couvrir cette somme et donner le bénéfice, ils se composent de :

1° Blé, 640 hectolitres à 20 fr. l'un.   12,800 fr.

Report.....   12,800

2° Avoine, seigle, orge, féveroles, etc., disponibles comme il a été
dit plus haut.....................   3,600 »
    3° Produit du troupeau..........   8,500 »
    4° Produit de la vacherie, 100 fr.
par tête........................   3,200 »
    5° Porcherie, comme il a été dit..   1,600 »
    6° Basses-cours, 180 à 200 volailles
diverses........................   600 »
    7° Cidre, 40 hectolitres à 20 fr. l'un   800 »
    8° Vente de fruits et eaux de-vie...   1,000 »

    Total des produits.............   32,100 fr.

Ainsi, en ne comptant ni en recette, ni en dépense la nourriture des bestiaux, et en admettant
que les étables se renouvellent par elles-mêmes ou
par échange :

    La recette s'élève à.............   32,100 fr.
    La dépense à..................   27,750 »

    Il reste donc un bénéfice net de   4,350 fr.

Ce qui fait tout près de 14 p. 100 sur le mou-
vement des opérations.

Quelque arbitraires et grossiers, que puissent au
premier abord paraître ces calculs, ils doivent cependant approcher bien près de la vérité ; ils ont
d'ailleurs été faits sur des données que plus d'une
fois nous avons eu l'occasion de vérifier dans de
pareilles conditions; de plus, chaque coefficient de
dépense que nous donnons ici en gros n'est que le
résumé d'un compte de détail, qui a été fait avec

soin. Quant à l'erreur, s'il y en a une, elle est plutôt en dessous qu'en dessus du bénéfice. D'après
cela, Hution est donc une bonne affaire bien menée
et bien entendue ; et ce qui vient encore corroborer
ces conclusions, ce sont les résultats envisagés en
masse.

A ses débuts, en 1835, comme nous l'avons dit,
M. Chemery eut en héritage de son père la moitié
du domaine paternel, consistant en :

Terres arables 30 hectares estimés.		36,000 fr.
Prairies.....	6 —	30,000 »
Terres vaines	3 —	1,500 »
(aujourd'hui en très-bon état).		
Bâtiments....	—	7,000 »
Total des valeurs en immeubles.		74,500 fr.

Quant au mobilier, il consistait en :

Chevaux.....	5	1,500fr.
Bêtes bovines.	5	750 »
Bêtes ovines..	100	1,250 »
Porcs........	3	300 »
Volailles.....	80	50 »
Instruments et harnais.		800 »
Valeur en fourrages, grains à vendre, argent.		$x\,x$
Total du mobilier de ferme, sans les valeurs disponibles dont nous ne connaissons pas le compte.....................		4,650 fr.

Cependant, comme aussitôt après le partage,
M. Chemery racheta immédiatement de son frère
sa part de mobilier, nous devons en conclure
qu'il reçut en valeurs disponibles un minimum
de 4,650 fr.

Mais tout nous porte à croire que ce fut tout ce
qu'il eut, et que sa fortune se bornait à cet *avoir* en
valeurs diverses montant à 83,800 fr.

Tandis qu'aujourd'hui il possède en toute propriété :

Terres arables.	84	hectares
Prairies.	10	—
Bois taillis.	6	—
Total en immeubles.	100	hectares,

qui, estimés au taux du partage de 1835, vaudraient :

Terres arables 48 hectares à 1,200 fr.			100,800	fr.
Prairie. . . . . 10 — à 5,000 »			50,000	»
Bois taillis. . . 6 — à 800 »			4,800	»
Bâtiments neufs et améliorés.			33,000	»
Total des immeubles.			188,600	fr.

Quant au mobilier, il vaudrait, d'a-
près ce que nous avons dit précédem-
ment. . . . . 45,000 »

Total de la fortune actuelle, comptée
au prix d'estimation des partages. 233,600

Mais à cela il faut ajouter l'amélioration des
terres. Par quel chiffre devrait-on la représenter ?
Pour le calculer exactement, il faudrait savoir de
combien les baux ont varié dans le pays : or nous
ne le savons pas ! Cependant voici un indice qui
peut nous mettre jusqu'à un certain point sur la
voie. M. Chemery loue à son frère 30 hectares de
terre estimés 36,000 fr. aux partages, 6 hectares
de prés estimés 30,000 fr. et des bâtiments d'exploi-

tation estimés 7,000 fr. Or, le prix des prés, qui
sont loués par bail spécial, n'a pas varié depuis
1835 jusqu'à 1860, il est resté perpétuellement à
170 fr. l'hectare, tandis que le bail des terres et des
bâtiments réunis s'est élevé de 1,400 à 2,000 fr.
Or il paraît très-vraisemblable que si les loyers
avaient augmenté par le seul fait du temps et
non des améliorations, les prés auraient suivi la
même marche que les terres, et, puisqu'il n'en est
pas ainsi, il faut attribuer l'augmentation au seul
fait des améliorations réalisées dans les terres et
les bâtiments.

Maintenant à quel capital faut-il évaluer cette
augmentation du loyer? Il nous paraît naturel
de le calculer en établissant une proportion entre
le produit et le capital ancien avec le produit
nouveau et le capital à trouver. Dans ce cas, ce capital serait de 18,400 francs.

Mais comment répartir cette somme de 18,400 fr.
entre les terres et les bâtiments? Faut-il la
diviser au prorata de l'estimation de chacun? Ce
serait une faute! Les bâtiments de M. Chemery
frère sont dans un pitoyable état, on n'y a rien
fait, on a au contraire tout laissé tomber, et, au
lieu d'avoir contribué à l'augmentation du revenu,
ils l'ont plutôt diminué ; par conséquent, c'est aux
terres seules que la plus value de 18,400 fr.
s'applique ; et c'est avec la plus grande apparence de certitude qu'on peut dire que le fermier a
amélioré de 18,400 fr. le bien de son propriétaire.

Par un raisonnement semblable, et d'autant plus

fondé que les cultivateurs, qui sont simultanément propriétaires et fermiers, améliorent leur
bien, plutôt que leur ferme, on peut dire encore : que
les 84 hectares de terres arables appartenant en
toute propriété à M. Chemery ont augmenté aussi
par son fait dans une proportion pour le moins égale
aux 30 hectares de son frère, c'est-à-dire de 51,520 fr.

En conséquence, déduction faite des fourrages
en magasin et des récoltes en terre, l'avoir de
M. Chemery à Hution se monterait à :

1° Immeubles, estimés, comme aux par-
   tages. . . . .   188,600 fr.
2° Mobilier de ferme, déduction faite
   des fourrages engrangés et des récoltes pendantes par racines. . . . .   45,000 »
3° Amélioration des terres. . . . .   51,500 »
                  Total. . . . .   285,100 fr.

auxquels il serait bon d'ajouter, comme valeur
acquise par lui, sinon pour lui, les 18,400 fr.
dont le bien de son frère a bonifié dans ses mains.

Cependant, suivant M. Chemery, notre estimation de 285,000 fr. serait trop faible de 39,000 fr.
portant principalement sur les terres, par
conséquent sur l'importance des améliorations.
Où est la vérité? Nous ne saurions le dire ! Il est
possible qu'il ait raison, parce que, encore une fois,
il a pu faire plus pour son bien, que pour celui de son
frère. Nous ne contestons donc pas, mais nous
n'affirmons rien, n'ayant aucun élément sérieux
pour établir une évaluation de ce genre.

Maintenant, avec quelles ressources M. Chemery a t-il pu couvrir les 200,000 fr. dont son domaine d'Hution s'est accru ?

Il y a en M. Chemery quatre hommes, comme vous l'avez déjà vu :

1° Le propriétaire touchant un revenu ;

2° Le fermier réalisant un bénéfice;

3° L'ouvrier habile, énergique, économe, dont les journées sont très-fortes, ainsi que celles de sa famille, et, par suite, très-bien payées par le compte de culture ;

4° En quelque sorte le détenteur de valeurs industrielles, sur lesquelles il a gagné une prime d'une certaine importance.

On admettra certainement avec nous que les Chemery ont vécu sur leurs gains d'ouvriers, mais, comme ils ne sont pas des vilains, que ce sont, au contraire, des gens hospitaliers et honorables, cette dépense de ménage est plus forte pour eux que celle des simples manœuvres. Eh bien ! appliquons les bénéfices annuels du fermier à couvrir ce supplément de frais et de plus à payer les impôts.

Par conséquent, pour couvrir les 200,000 fr., il serait resté bien net tous les revenus du propriétaire et la prime de bonification. Voyons si ces ressources ont été suffisantes.

A combien peut monter la prime? Nous vous avons dit en commençant que les travaux d'amendement et d'assainissement des terres avaient été exécutés presque à temps perdu, et que les déboursés réels s'étaient à peine élevés à 1,800 fr.; portons-les à 3,000 fr. D'autre part, nous venons de voir que ces améliorations avaient donné au domaine une plus-value de 51,000 fr. Par conséquent, la prime s'élève à un maximum de 51,000—3,000=48,000 f.; mais, d'autre part, nous avons ajouté que M. Chemery, obligé de donner une valeur à ce travail fait à temps perdu, avait démontré qu'il n'atteignait pas 27,000f. Par conséquent, en comptant ce travail à toute sa valeur, la prime serait réduite au minimum à 48,000 fr. — 27,000 fr., c'est-à-dire à 21,000 fr.

Mais, Messieurs, il serait excessif dans les deux sens d'accepter l'un ou l'autre chiffre, et nous croyons que vous serez de notre avis de le fixer à la moyenne, c'est-à-dire à 34,000 fr.

Par conséquent, au lieu de 200,000 fr., les dépenses réelles ne se sont montées qu'à 200,000 fr. — 34,000 fr., ou 166,000 fr.

Maintenant, quels ont été les revenus du propriétaire? Là nous saisissons facilement le point de départ et celui d'arrivée. En effet, M. Chemery a pris à bail, en 1835, moyennant 2,420 fr., la part de son frère, qui était égale à la sienne. De plus, il avait pour 9,300 fr. de bestiaux et de mobilier de ferme, représentant 465 fr. de revenu; total, 2,885 fr. Aujourd'hui ces mêmes revenus montent à 9,550 fr., qui, supposés capitalisés depuis vingt-cinq ans, donneraient une somme de

$$\frac{2885 + 9550}{2} \times 25 = 155,435 \text{ fr.}$$

Ainsi, M. Chemery aurait réalisé 34,000 fr. de

prime sur ses travaux, plus 155,425 fr. d'économies comme propriétaire, ce qui fait 189,500 fr.

On voit que déjà l'on approche beaucoup et que,
pour peu que les ressources personnelles de madame Chemery aient aidé ou que l'on ait écono-
misé sur les bénéfices de culture, on arrive bien
vite à parfaire les 200,000 fr., puisqu'il ne s'en
manque plus que de 10,500 fr.

Ainsi, on peut dire avec certitude que M. Chemery, par son intelligence et sa bonne administration, a su se créer 4,300 fr. de revenu comme
cultivateur, et que comme propriétaire cultivateur, il a plus que triplé son avoir en vingt-cinq
ans. C'est là, Messieurs, un résultat d'autant plus
beau, qu'il a été acquis de la manière la plus hono-
rable.

Rien en effet n'est à cacher dans l'existence de
M. Chemery. Comme fils, il a travaillé de ses bras et
de son intelligence pour son père; comme fermier, il
a augmenté le bien de son propriétaire de 43 p. 100;
comme propriétaire, par une habile gestion et un
travail incessant, il a plus que triplé son avoir;
comme cultivateur, il a découvert et appliqué des
amendements, que nul ne soupçonnait avant lui;
il a introduit les artificielles dans des localités où
on les croyait impossibles, il a modifié d'une manière avantageuse l'ancien assolement du pays;
sans réduire la quantité de céréales autrefois produite dans son domaine, il a étendu la spéculation
du bétail à des limites peu communes; son exemple a été suivi, et sous son influence les cultures

voisines des siennes ont progressé ; comme citoyen, son caractère lui a concilié toutes les sympathies et attiré toutes les confiances ; comme père, il a donné à la France des enfants modèles, qu'avec raison il appelle ses aides de camp !

On pourrait trouver, Messieurs, des existences plus grandes, mais on n'en trouverait guère de mieux remplies ! Entre tous les candidats d'un haut mérite, dont nous venons de vous faire connaître les titres, M. Chemery est celui qui nous paraît le plus complet : c'est donc lui que la Commission présente au jury pour la prime d'honneur.

RÉSUMÉ

En résumé, Messieurs, quelle qu'ait été parfois la sévérité de nos critiques, il est peu de concours qui, par le nombre des candidats, par le brillant, par l'imprévu, par la variété de ses résultats, aient été aussi intéressants que celui-ci.

Chacune des principales divisions géologiques du département de la Marne y a été représentée, et dans chacune vous trouvez des innovations heureuses, souvent des inventions, des découvertes et des méthodes remarquables, qui témoignent du génie de ces populations laborieuses, morales et intelligentes.

Ailleurs vous rencontrerez une plus riche nature, mais une nature plus uniforme, qui est exploitée parfois avec succès, mais sans peine, par des cultivateurs qui sont tous coulés dans un bon mais même moule ; au-dessous d'eux, malheureusement, végète trop souvent un prolétariat misérable et dégradé ! En Champagne, c'est le contraire, tout est varié, tout est libre, tout est homme, tout comprend son devoir, depuis le berger, qui constitue une sorte d'aristocratie, jusqu'au maître, qui en est une véritable !

Ailleurs, la nature s'est souvent montrée plus libérale, et quoi qu'on en dise, l'homme, auquel on reporte trop volontiers la reconnaissance qu'on doit à la nature, est resté habituellement au-dessous d'elle ! Ainsi qu'une machine bien montée, il obéit régulièrement à une formule unique, si bien qu'entre deux exploitants rivaux il n'y a guère qu'une petite différence d'argent, de bonheur ou de précision ? Ici la nature a été parcimonieuse, même avare, et l'homme l'a rendue généreuse !

La prime appartient à celui qui a le plus et le mieux fait dans les circonstances où il se trouve placé, dit sagement le programme.

Or, vous tous, Messieurs, qui avez vu d'autres concours, des concours éblouissants, à ne pas les regarder parfois de trop près, comparez-les à celui-ci, jugez-les, non avec un œil séduit, mais avec le froid de la raison. Entre eux tous, lequel aurait la palme ? Je ne le sais ! Mais les chances de la pauvre Champagne me sembleraient bien grandes, contre celles de l'orgueilleuse Flandre ou de la riche Alsace !

Ici, en effet, tout a été si bien soumis, que vous hésitez à placer la prime. Sera-ce dans les plaines arides de la Champagne Pouilleuse, sur les plateaux imperméables de l'Argonne, ou dans les ter-

rains insalubres du Gault ? Vous ne le savez
encore ! Quant aux riches alluvions du Perthois,
vous en admirez sans doute la richesse ; mais, tout
en louant cette agriculture régulière et luxuriante,
tout en applaudissant à la sagesse des méthodes,
vous ne le mettez pas même en balance avec ses
pauvres rivaux, parce que, dites-vous : c'était facile !

Ailleurs, c'était presque un sentiment de jalouse
admiration qui nous faisait prononcer, ici c'est un
sentiment de respectueuse sympathie qui nous
fait hésiter !

C'est qu'en effet, Messieurs, un tiers au moins
des concurrents s'est créé des titres à vos suffrages,
par des innovations hardies et toujours heureuses,
des inventions multiples, inattendues, parfois même
en apparence contradictoires, mais s'appropriant
toujours merveilleusement à la position et aux besoins de chacun.

Le second tiers, par la régularité de ses spéculations, la multitude de ses bestiaux, de ses cultures
sarclées, par une sage et habile administration, a
encore conquis vos éloges et mérité votre haute
approbation.

Enfin il n'est pas jusqu'au dernier tiers, qui,
malgré de l'inexpérience, de l'incomplet, parfois
de faux calculs, n'ait encore sa valeur ; car il n'est
en effet aucun des concurrents de cette classe, qui
n'ait aussi fait de louables efforts et obtenu quelque succès.

Cependant, Messieurs, il faut choisir. La Commission vous a déjà désigné des candidats qui méritent des médailles spéciales. — Ce sont, pour les médailles d'or :

MM. Duchâteau, pour assainissement de tourbières et création simultanée de canaux agricoles navigables, et utiles au service de l'exploitation ;

Bernaudat, pour découverte et application de marne dans les terrains du Gault ;

Paillard, pour bon entretien exceptionnel du bétail et création d'un troupeau modèle en prenant pour point de départ la race de pays ;

De Brimont, pour boisement de terrains arides ;

Brachet-Huret, pour fondation d'une colonie agricole prospère au milieu des déserts de la Champagne ;

Desse, pour importation et extension de la culture de la betterave à sucre dans le Perthois ;

Charpentier-Courtin, pour mise en valeur de terres incultes.

Quant aux médailles d'argent, nous vous en demandons, pour :

MM. Vigy, pour mise en valeur de terres jusque-là délaissées et appartenant à son propriétaire ;

Tilloy, pour assainissement de terrains humides ;

Trubert, pour des constructions rurales exécutées sur ses plans, très-bien tenues et très-bien ordonnées.

Mais, pour la prime, à qui la conférerez-vous ? La Commission a déjà appelé votre attention sur

M. Chemery, elle vous a donné ses motifs ; mais il a de sérieux concurrents, permettez-nous de vous résumer les titres des six principaux :

1° M. Duguet, par des mouvements de terre et des terreautages bien compris, a égalisé la fécondité de ses pièces ; par le développement déjà ancien dans son exploitation des artificielles et des plantes sarclées, il a supprimé les jachères, tout en augmentant le rendement total des céréales et doublant le bétail, qu'il a singulièrement amélioré constamment depuis plus de 30 ans, et dans tous les détails, il s'est tenu à la tête du progrès et en a été le principal promoteur dans le département.

2° M. Paillard, par le meilleur parti qu'il a tiré d'un vaste domaine en terrains pauvres, a fait naître l'abondance là où il n'y avait que disette et famine; il a de plus construit des bâtiments modèles, et a obtenu, avec les moutons du pays, une race améliorée et spéciale, qui se distingue par des qualités remarquables de lainage, de conformation et de vigueur, et qui commence à être classée.

3° M. Bernaudat, quoique simple fermier, a tout créé sur le sol humide le plus insalubre, le plus ingrat et le plus pauvre : chemins, bâtiments, citernes, système nouveau de culture, fabrication de fumier, découverte et application de marne, drainage, assainissement et irrigations, jusqu'à un instrument nouveau à épandre la marne, rien ne lui a échappé.

4° M. Duchâteau a importé la culture du Nord dans les tourbes de la Vesle et les terrains brû-

lants de la Champagne; par des combinaisons in-
génieuses et hardies il a su assainir les champs
tourbeux et créer simultanément, et presque sans
aucuns frais, des voies agricoles navigables, qui
desservent toute cette partie de son exploitation et
des tourbières autrefois inabordables.

Il a découvert et exploité une matière qui, jusqu'au jour où l'agriculture aura prononcé sur sa
valeur réelle, sera considérée par la chimie comme
un engrais.

Il a chez lui et autour de lui développé l'industrie de la betterave, afin d'approvisionner une sucrerie agricole, dont les tourbières voisines four-
nissent le combustible.

5° M. Ponsard s'est élevé plus haut encore, il s'est
élevé le plus haut! Par des expériences nombreuses
habilement conçues et dirigées, il a fixé les règles, le
genre et le mode de culture, l'espèce et la nature des
animaux qui, en Champagne, donnent les plus forts
rendements; puis il s'est fait à lui-même l'application de ses principes; et son domaine d'Omey té-
moigne de la haute valeur de ses aperçus, de ses
expériences et de ses conclusions. Les irrigations
dans les conditions les plus difficiles et les plus
délicates, les constructions rurales, dans ce
qu'elles ont de plus économique et de meilleur,
ont aussi fait l'objet de ses études théoriques et
de ses succès pratiques; enfin, la création d'une
vaste ferme au milieu des savarts, dans un pays
perdu, où tout était à faire, depuis le chemin public
pour y arriver, jusqu'aux puits pour s'abreuver,

vient couronner son œuvre, et témoigner d'un esprit inventif et hardi, d'un coup d'œil sûr et fin,
d'une science profonde et variée, d'une habileté et
d'une sagacité administratives, que peu d'hommes
possèdent à un pareil degré.

6° M. Chemery, dans un isolement presque complet, sous l'empire de la routine qui l'entourait,
qui lui était imposée par les siens, dont il ne pouvait que furtivement, pour ainsi dire, secouer le
joug, a découvert l'usage qu'on pouvait faire des
terres empruntées aux rampes du Vallage, pour féconder le sol des plateaux de l'Argonne; il a appliqué ce principe, il en a mesuré la puissance, puis
il a trouvé des marnes dures, dont nul ne suppo-
sait la qualité quand elles sont employées à haute
dose ; il a fait des assainissements et des nivellements considérables; il a appliqué le drainage, quand
on était loin encore d'en sentir toute l'importance : et tout cela il l'a fait pour ainsi dire à temps
perdu, presque sans bourse délier ; de plus, sous
l'influence de ces opérations capitales, son domaine,
de très-médiocre qu'il était il y a vingt-cinq ans,
est devenu excellent, à ce point que les artificielles
de toute sorte, même la luzerne, les plantes sarclées, les céréales, y prospèrent à ravir. Enfin, il a
irrigué le quart de ses prés et a développé la spéculation du bétail au point que, sauf M. Ponsard,
nul des concurrents, créant sur son exploitation,
toute la nourriture de ses animaux, n'a un équivalent aussi élevé : enfin, il a plus que triplé son
avoir, et a imposé ses exemples à tous les cultivateurs ses voisins.

Devant les titres considérables de tous ces hommes aussi honorables qu'habiles, l'esprit reste perplexe, et, pour se déterminer, il faut rechercher celui d'entre eux qui a eu les plus grandes difficultés à vaincre, et les a le plus utilement vaincues.

M. Duguet a fait beaucoup, il a fait énormément, il a fait tout ce qu'il pouvait faire, mais il a trouvé, pendant longtemps, dans sa poste aux chevaux, dans les casernes et les boues de la ville de Châlons, des ressources en dehors de son exploitation qui l'ont puissamment aidé. Ses bâtiments sont d'ailleurs défectueux.

M. Paillard a aussi trouvé dans sa poste des ressources de la même nature, mais moins abondantes et moins prolongées, il est vrai; sous ce rapport il aurait donc un avantage sur M. Duguet; mais chez M. Paillard, il y a plutôt l'étoffe d'un administrateur habile et d'un agriculteur entendu, que d'un novateur hardi; en bien, en très-bien même, il a suivi ce qu'on a fait généralement en Champagne, mais il n'a guère été au delà. Enfin les résultats pécuniaires, quoique étant très-réels et même avantageux, ne sont pas aussi considérables qu'on s'y serait attendu.

M. Bernaudat, au point de vue des difficultés, est celui qui a vaincu les plus grandes et qui les a heureusement vaincues. Sous ce rapport, c'est un modèle; mais il n'a pas encore eu le temps de recueillir le fruit de ses efforts, il manque donc par cela même à une des conditions essentielles du programme.

M. Duchâteau est un inventeur, un novateur de premier ordre; il s'est posé le problème le plus difficile; il a trouvé en lui-même des ressources incroyables pour le résoudre, à peine si quelques détails lui ont échappé; mais son exploitation agricole n'est que l'annexe d'une sucrerie qu'il ne présente pas au concours, et dans laquelle il puise des éléments de succès qu'il ne crée pas lui-même.

M. Ponsard, sur les deux exploitations qu'il a fondées, en a une qui est en bonne voie, mais pas encore en plein roulement; quant à l'autre, bien que magnifique, elle doit encore être écartée, parce qu'il en partage malheureusement la direction avec un cogérant.

M. Chemery reste donc seul à remplir toutes les conditions du programme. Il a innové, il a beaucoup amélioré; il l'a toujours fait avec sens, discernement et persévérance. Aucune exploitation n'est en tout mieux coordonnée et plus régulière que la sienne, nulle non plus ne s'est plus régulièrement développée; les résultats utiles qu'elle lui a donnés sont importants et bien établis. Elle est donc le modèle le plus complet et par cela même le plus digne de la prime.

En conséquence, la Commission de visite a l'honneur de proposer au jury, d'accorder la prime d'honneur à M. Chemery.

CONCLUSION

Les samedi, dimanche, lundi et mardi, 4, 5, 6 et 7 mai 1861, le rapport précédent a été discuté par la Commission de visite, sous la présidence de M. Lefour, inspecteur général de l'agriculture. Les termes en ayant été adoptés, le mardi 7 mai à trois heures du soir, il a été présenté au jury du concours régional, toutes sections réunies, convoqué à cet effet par M. le préfet de la Marne et sous sa présidence.

Étaient présents :

MM. Chassaigne, préfet de la Marne, président d'honneur.

Lefour, inspecteur général de l'agriculture, premier vice-président du jury, président de section.

Dugué, ingénieur en chef des ponts et chaussées, deuxième vice-président, président de section.

MM. Dosseur, agriculteur, secrétaire du comice
  agricole de Troyes (Aube).

Garola, agriculteur à Joinville (Haute-Marne).

Guy, ingénieur des travaux de l'École des arts
  et métiers à Châlons (Marne).

Huguet fils, agriculteur à Bar-le-Duc (Meuse).

Jaluzot, directeur de la ferme-école de l'Orme-
  du-Pont (Yonne).

Jozon, lauréat du concours régional de l'Aube,
  agriculteur à la Chapelle (Aube).

Ladrey, professeur de chimie de la Faculté de
  Dijon (Côte-d'Or).

Baron de Landres, agriculteur à Landreville
  (Ardennes).

Lequin, directeur de la ferme-école de La-
  hayevaux (Vosges).

Martin (Jules) membre de la Société industrielle de Reims (Marne).

Renard, agriculteur à Vaudonvillers (Haute-
  Marne).

Roussel-Couchot, président du comité central d'agriculture à Bar-le-Duc (Meuse).

Salneuve, directeur de l'École des arts et métiers à Châlons (Marne).

Baron Thenard, agriculteur à Talmay (Côte-
  d'Or).

Tisserand, chef de la division des établisse-
  ments agricoles de la liste civile impériale.

Vacquand fils, agriculteur à Blanchampagne
  (Ardennes).

De Villemereuil, agriculteur à Villemereuil
  (Aube).

MM. Villeminot, président de la Société industrielle
de Reims (Marne).

Ziegler, agriculteur à Soyer (Haute-Marne).

S'étaient excusés pour motifs graves :

MM. Bonnaud, agriculteur à Chevannes (Yonne).

Détourbet, président du comité central d'a-
griculture de la Côte-d'Or).

Lefévre (Élysée), directeur de la bergerie impériale de Gévrollles (Côte-d'Or).

Picard, membre du conseil général de la
Marne, à Sainte-Menehould (Marne).

Des Planches, à Troyes (Aube).

Ray, agriculteur, maire des Riceys (Aube).

Après une discussion approfondie, qui n'a généralement porté, que sur des points de détails et où
le jury a témoigné son regret de ne pouvoir pas
étendre davantage le cercle des récompenses, il a
décidé à l'unanimité que la prime d'honneur serait
attribuée à :

M. Chemery, agriculteur et propriétaire, maire
de Moiremont et membre du conseil d'arrondissement de Sainte-Menehould, pour
son exploitation d'Hution.

Que des médailles d'or seraient demandées à
S. Exc. M. le ministre de l'agriculture, du commerce et des travaux publics, pour :

MM. Duchâteau (des Marais), pour assainissement
et mise en valeur de terrains tourbeux, avec
création de voies agricoles navigables et
desservant l'exploitation.

MM. Bernaudat, pour découverte et application de
marne dans les terrains du Gault.

Paillard, pour bonne tenue du bétail et création d'un troupeau de race ovine améliorée,
en partant de la race du pays.

De Brimont, pour boisement de terres arides.

Brachet-Huret, pour fondation d'une colonie
agricole prospère au milieu des savarts de
la Champagne.

Desse, pour importation et extension de la
culture de la betterave à sucre dans le
Perthois.

Charpentier-Courtin, pour mise en valeur de
terres incultes.

Et des médailles d'argent pour :

MM. Vigy, pour mise en valeur de terres jusque-
là délaissées et appartenant à son propriétaire.

Tilloy, pour assainissement de terrains humides, appartenant à son propriétaire.

Trubert, pour des constructions rurales exécutées sur ses plans, très-bien tenues et
très-bien ordonnées.

De plus, le jury a prié M. le préfet de vouloir
bien recommander à la haute bienveillance de
S. M. l'Empereur : MM. Duguet, d'une part, et
M. Ponsard de l'autre, qui, par la bonne tenue de
leurs exploitations, et les services agricoles, de l'ordre le plus élevé, qu'ils ont rendus à l'agriculture,
lui semblent dignes d'une haute distinction.

Le jeudi 9 mai, à trois heures du soir, au milieu
d'un grand concours de personnes de tout rang et
sous la présidence de M. de Royer, ancien ministre, vice-président du Sénat, président du con -
seil général de la Marne, et délégué spécialement
à cet effet par S. Exc. M. le ministre de l'agriculture, du commerce et des travaux publics, a eu
lieu la distribution solennelle des récompenses.

Après un discours remarquable de M. le président, la parole a été donnée au rapporteur pour
résumer le rapport et proclamer la prime d'honneur.

Voici en quels termes ce résumé et cette procla-
mation ont été faits.

« Vingt-sept concurrents à la prime d'honneur
se présentent aujourd'hui.

« Par le nombre des candidats, par l'imprévu,
par la variété de ses résultats, peu de concours ont
été plus brillants que celui-ci.

« Chacune des divisions géologiques du département de la Marne y a été largement représentée,
et, dans chacune, se révèlent des innovations heureuses, souvent des inventions, parfois des découvertes, toujours des méthodes remarquables, qui
témoignent du génie de populations laborieuses,
morales et intelligentes.

« Si, ailleurs, la nature s'est montrée généralement plus libérale, l'homme, sur lequel on reporte
trop volontiers la reconnaissance qu'on doit à la
nature, est trop souvent aussi resté au-dessous
d'elle ; ici, au contraire, elle a été parcimonieuse,

même avare, et l'homme, par son industrie, l'a
rendue généreuse ! Déjà il a, en grande partie, ef-
facé de la carte de la France cette tache qu'on
appelait la *Champagne pouilleuse*. Un effort encore,
et elle disparaîtra tout à fait.

« Au nom de tout le jury, dont la majorité appartient à des départements rivaux, au nom de tous
ceux qui aiment leur patrie et la veulent prospère,
honneur aux agriculteurs champenois! Que personne ne leur envie cet hommage, nul n'est mieux
mérité !

« Le concours actuel en est la preuve irréfraga-
ble ; car, sur les vingt-sept concurrents, en dehors
de la prime, dix ont droit à des médailles spéciales,
et deux ont été signalés à la haute bienveillance de
S. M. l'Empereur, qui, pour s'éclairer, peut parfois
faire attendre. mais n'oublie jamais.

« Quant à ceux que le jury semble avoir laissés
ans l'ombre, que l'opinion publique ne s'y mé-
prenne pas; car il n'en est aucun qui, dans des
mesures diverses, n'ait fait des efforts considérables,
souvent heureux. toujours utiles, mais ne rentrant
pas suffisamment dans les conditions du programme qui nous sert de code.

« Quant à la prime elle-même, les titres sont
si grands, que le jugement a été difficile. Cependant, après une sévère élimination, six concurrents sont restés sur la brèche : ce sont MM. Duguet
(de Châlons-sur Marne), Paillard (de Sommevesle),
Bernaudat (de Giffaumont), Duchâteau (des Marais). Pon-ard (d'Omey), Chemery (de Moiremont).

« Entre eux, la lutte a été acharnée et la vic-
toire longtemps indécise. Mais, en tenant compte
du point de départ, de la somme des difficultés et
du point d'arrivée, c'est M. Chemery qui l'a em-
porté ur ses rudes rivaux.

« Que chacun écoute ses titres.

« M. Chemery, dans un isolement presque complet, a deviné, il y a trente cinq ans, la cause de
l'ingratitude du sol des plateaux de l'Argonne, et
le remède souverain à lui opposer; malgré la routine qui lui était alors imposée, routine dont il ne
pouvait que furtivement secouer le joug, il a, dès
cette époque, vérifié ses méthodes et constaté leur
efficacité; puis, devenu maître à son tour, il les a
appliquées sur la plus large échelle. Il a fait aussi
des assainissements et des nivellements considérables; il a, quand nul encore n'en savait l'importance, employé le drainage; il a successivement et
sagement modifié son assolement, en le propor-
tionnant toujours à la puissance acquise; il a développé la spéculation du bétail, et l'a portée à un
coefficient très-élevé; enfin, en tout, M. Chemery
s'est si bien dirigé que, dans son domaine, qui ne
produisait, il y a vingt-cinq ans, que des seigles
douteux, la luzerne, les plantes sarclées, les plus
riches céréales prospèrent à l'envi.

« Nulle existence d'ailleurs n'a été mieux rem-
plie: comme fils, il a travaillé de ses bras et de son
intelligence pour son père; comme fermier, il a
singulièrement augmenté le bien de son propriétaire; comme propriétaire lui-même, il a, par une

habile gestion, plus que triplé sa fortune, devenue
ainsi fort importante ; comme cultivateur, il a par
ses succès, imposé ses exemples à tous ceux qui
l'entourent ; comme citoyen, son caractère et ses
vertus lui ont concilié toutes les sympathies et
toutes les confiances ; comme père, il a donné à la
France des enfants dignes de lui, qu'avec orgueil,
autant qu'avec raison, il appelle ses aides de camp.

« Sans vouloir en rien rabaisser ses rivaux, dont
le beau caractère et les grands services méritent
également toutes les sympathies : le jury doit dire
cependant qu'en tout M. Chemery est un modèle,
et que son exploitation, plus que toutes les autres,
par le fini, par le complet, et par les résultats
utiles qu'elle a donnés et donne tous les jours, est
le meilleur modèle.

« En conséquence, que M. Chemery vienne avec
sa famille, qui l'a si bien secondé, recevoir des
mains du haut dignitaire de l'Empire, présidant
à cette cérémonie, la haute récompense qu'il a si
bien gagnée. »

TABLE DES MATIÈRES.

Paris. — Typ. de Cesson et Comp., rue du Four-Saint-Germain, 43.